机器人智造的逻辑

顾浩楠 编著

電子工業出版社
Publishing House of Electronics Industry
北京 · BEIJING

内容简介

本书是洞察机器人世界的科普读物，深入浅出地梳理了机器人的起源、核心技术与制造流程，剖析了机器人产业的逻辑、商业模式和投资前景，为读者提供了投身机器人行业的职业规划建议，对人工智能与机器人交融的趋势及潜在社会影响与挑战进行了展望。

本书以通俗化的笔触，将科技概念化繁为简，兼具专业性与实践性，让读者轻松了解机器人领域的核心知识和产业情况，适合科技爱好者、机器人行业新人及想要从不同视角了解机器人的从业者、创业者和投资人参阅。

图书在版编目（CIP）数据
机器人智造的逻辑 / 顾浩楠编著. -- 北京 : 电子工业出版社, 2025. 1. -- ISBN 978-7-121-49192-4
Ⅰ. TP242
中国国家版本馆CIP数据核字第2024FW5287号

责任编辑：郑柳洁
文字编辑：安　娜
印　　刷：天津千鹤文化传播有限公司
装　　订：天津千鹤文化传播有限公司
出版发行：电子工业出版社
北京市海淀区万寿路173信箱　　邮编：100036
开　　本：880×1230　1/32　印张：10.875　字数：278.4千字
版　　次：2025年1月第1版
印　　次：2025年1月第1次印刷
定　　价：89.00元

凡所购买电子工业出版社图书有缺损问题，请向购买书店调换。若书店售缺，请与本社发行部联系，联系及邮购电话：（010）88254888，88258888。

质量投诉请发邮件至 zlts@phei.com.cn，盗版侵权举报请发邮件至 dbqq@phei.com.cn。

本书咨询联系方式：zhenglj@phei.com.cn，（010）88254360。

名家点评

机器人的研发、技术与产品正进入一个快速发展的历史时期。本书深入剖析了机器人相关技术的核心原理与应用场景，展现了从研发设计到市场应用的全过程。对于读者而言，无论是寻求研究灵感还是解决业务问题，本书都是一本不可多得的从业指南。

三一重机智能化研究院院长　高乐

对于机器人领域的创业者而言，本书提供了对行业发展趋势的深度洞察，涵盖了从创意孵化到产品落地的全过程指引。无论是在寻找市场切入点、技术选型还是构建团队方面，本书都能为创业者提供实用的建议和灵感，助力初创企业的发展。

小龟机器人创始人　吴冠仰

《机器人智造的逻辑》是一本值得探寻机器人行业投资机会与发展前景的投资者参考指南。书中深入解析了机器人技术的发展脉络与商业模型，揭示了行业未来潜在的投资价值点与风险。通过有侧重的全局梳理，本书为投资者提供了务实而审慎的洞见。这是一本不容错过的佳作，诚挚推荐给所有关注机器人行业的投资者。

AJ Capital 合伙人　王健康

本书深入剖析了机器人行业的现状与未来趋势，提供了丰富的数据支持和分析框架。无论是为科技爱好者和机器人从业者提供行业洞察，还是帮助企业制定战略规划，本书都能够提供坚实的知识基础和实用的指导建议。

上海凌傲企业管理咨询有限公司总经理　甘乐保

本书在探讨机器人技术与产业发展的同时，为处于上升期的机器人企业提供了实用的管理实践建议，囊括了战略规划、团队建设、市场拓展等多个维度，有助于管理者在快速变化的市场环境中做出快速的战略决策！

科贤未来机器人 CSO　蒋涛

对于机器人供应链的专业人士，《机器人智造的逻辑》可被视作一本参考书，作者不仅研讨了供应链的各个环节，还提供了关于原材料采购、核心部件制造、系统集成与软件开发等方面的信息。无论是优化供应链管理，还是从产业视角观察供应链上下游，本书都能为读者提供有价值的洞察和指导。

纳博特科技创始人　张晓龙

机器人行业的健康发展，依赖于整个产业生态中各参与方的协同合作。对于身处机器人产业生态或关注机器人行业发展的人来说，本书用通俗易懂的语言为读者提供了全面且深入的视角，帮助读者洞察产业链的各个关键环节、探索上下游企业间的协作模式以及生态构建的战略思考。相信读者能够从本书中获得宝贵的启示与见解。

科沃斯（苏州）管理科技有限公司总经理、

科沃斯创新模式研究院院长　赵亮

《机器人智造的逻辑》细致地追溯了机器人的发展历程，并由对机器人发展内在动力的研讨顺延至对其产业现状的分析。本书有助于读者补全对机器人领域的认识。

读懂财经&乌鸦智能说联合创始人　刘宁宁

本书以清晰的脉络向读者展示，机器人是如何在历史的风云变幻中悄无声息地改变人类的。鲜有一本书能如此通俗易懂地阐明深刻隐晦的机器人演化历程。

武汉酒云信息技术有限公司负责人　张平

对于那些对机器人产业的发展和未来趋势保持高度关注的朋友们，本书无疑是一份宝贵的资源。它不仅能够提供深入的行业分析，还能激发读者的创新思维，带来新的视角和启发，帮助读者更好地理解和把握机器人技术的进步及其在社会中的应用潜力。

机器人领域资深投资人　谢思为

对于机器人行业的企业家和专业人士来说，本书是有价值的参考资料；对于那些对科技充满热情的爱好者来说，本书同样能够提供丰富的信息和深刻的见解。书中的内容能够帮助读者理解机器人技术的前沿动态，以及这些技术如何影响和改变我们的生活和工作方式。

电科基金创始合伙人　陈德忠

推荐序
从打破信息差开始，探索机器人发展新纪元

在当今人工智能与机器人技术迅猛发展的时代背景下，人类正见证着一场前所未有的技术革命。机器人，这一曾被视为科幻想象结晶的概念，如今已实实在在地融入人类社会的各个层面，并且其影响力正与日俱增。《机器人智造的逻辑》一书，以通俗易懂的语言，系统地揭示了机器人领域的复杂性，既为科技爱好者提供了翔实的技术和产品知识，也为行业新手及投资者提供了宝贵的产业洞察。

事实上，随着机器人在各行业的应用不断深入，机器人产业正逐渐成为全球经济的重要组成部分。然而，要确保这一产业的持续健康发展，一项常被忽视的工作显得尤为迫切，那就是以高效灵活的方式为不同的人群提供科普服务。

何以见得？一方面，众所周知，从技术突破到实践应用，机器人领域的发展需要“产学研用”各方面的紧密合作与相互促进。然而，在多年的产业实践中，我们发现真正有效的“产学研用”合作并不多见，很多资源、智慧、人力未能形成有效的合力。其中的原因是多方面的，但深埋其下的一个隐藏因素是，由于机器人发展的曲折性与特殊性，导致不同人群对机器人的技术、产品、历史和职场的认知存在巨大差异。这种差异无形中影响着人们对合作前景的判断和对自身诉求的定位。因此，严谨专业且深入浅出的产业科普工作

显得尤为重要，在世界政治经济局势愈发复杂的当下更是如此——越是在充斥着不确定性的时代，打破信息壁垒和知识障碍，推动合作共赢与融合创新的价值便愈发凸显。有了良好的认知基础，就更有可能促进国内外企业间的技术交流与合作，如分享最新的研究成果和技术进展、推动国际标准的制定与更新。这不仅为机器人产业的全球化进程铺平了道路，也助力中国机器人企业成为真正意义上的“世界公司”。

另一方面，公众对一个行业的态度是该行业蓬勃发展的基础，对于机器人这样跨越 B 端和 C 端的领域就更是如此。培养公众，尤其是引导科技爱好者对机器人的正面认知，对于创造一个支持机器人产业发展的社会环境至关重要。这不仅有助于培养和鼓励更多的人才投身于机器人领域，而且从市场和消费的角度看，一个朴素的逻辑是，科普与信息流通还有助于扩展机器人市场的需求。当公众能够方便快速地了解机器人技术的实际应用和潜在好处时，他们便更有可能成为消费者，或支持相关产品的购买和服务的使用。

《机器人智造的逻辑》就是基于此理念的一次勇敢尝试，作者紧扣“智造”和“逻辑”这两个关键词，从多个维度对机器人行业进行了全面而深入的剖析。书中不仅聚焦于技术演进及其前沿应用，也从产业视角探讨了行业发展趋势、市场潜在机会，以及整个领域所面临的挑战。同时，通过对机器人产业链条的精细描绘——从上游的原材料供应与核心部件制造，到中游的系统集成与软件开发，再到下游的市场应用与客户服务——本书用通俗易懂的语言勾勒出了一个立体且多层次的机器人产业生态系统。

产业的基本构成要素包括身处各个岗位的从业者。本书从个人职业发展的角度出发，为那些已经或有意投身于机器人领域的人士提供了关于职业规划与技能提升的建议。机器人行业的就业与创业，既有与其他行业的共通性，也有其自身的特殊性。无论是在技术研发、产品管理、市场营销还是客户服务方面，书中均提供了来自实战一线的经验、路径、建议和学习资源，有助于读者在这一充满机遇与挑战的领域中找到自己的定位。

《机器人智造的逻辑》深入探讨了中国企业走向全球市场的热点问题。在新的全球化形势下，中国机器人制造商正积极拓展海外市场，通过技术交流与国际合作等方式，与国际伙伴共同探索更为广阔的发展前景。本书不仅分析了企业海外拓展的战略与路径，还提供了国际市场开发、品牌国际化，以及跨文化管理等领域的实用指南，为企业全球化布局提供了有益参考。

四分仪智库创始人　孙迩溪

前言

最熟悉的陌生“人”：机器人的 X 张面孔

机器人是一个充斥着矛盾性与多元性的概念。

它对孩子来说是《变形金刚》和《星球大战》里的经典角色，对股票投资者来说是具有长期价值潜力的投资标的；它在汽车制造等领域早已被大量应用，可仍有不少行业对其十分陌生；它在车间流水线上是一丝不苟的专业工人，到了旅游景区又变身为服务游客的热情向导；它一直吸引着资本的投注，但直到近年来才真正成为市场的宠儿；它的名字早已家喻户晓，其实体却远谈不上深入寻常百姓家……细究之下，机器人的面目是模糊的，它拥有数不清的面孔，与人类社会有着难以被简单定义的关系。

但显而易见的是，机器人始终承载着人对自身智慧的模仿、对幸福生活的向往、对未知领域的探索。这些热望和寄托既体现在古今中外形形色色的艺术创作中（如石黑一雄的《克拉拉与太阳》、被改编成知名影片的《我，机器人》），也反映在愈发成熟的技术研究和产业生态上，如 AI（Artificial Intelligence，人工智能）与机器人的加速交融、人形机器人的迅猛崛起。

一种奇异的自生长系统

事实上，机器人在其混沌的概念形成阶段，就在人的想象、传说、哲思与文学叙事中“浸淫”。人以艺术创作为主要途径，勾勒出形形色色的机器人和与之相关的概念及设计，而工程化实践一步步将这些想法变为现实。同时，这些梦想照进现实的成就，又激励着人们绽放出更璀璨的创造力之花，推动学者、艺术家和企业家将这些灵感在各行各业落地，并打造出配套的市场化解决方案。

这实际上构成了一种控制论和知识权力论交织的跨界自生长系统，它让机器人的内涵、种类、功能、影响一直在人类社会中扩大（也是本书将为读者呈现的东西）：从各类精巧的类机器人物件到机电一体的自动化机械，再到越来越自主的半智能体；从零敲碎打的精巧发明到广泛应用的制造业工具，再到与多学科耦合的产业生态……机器人涵盖的学术板块、产业链条及深度赋能的行业领域和应用场景越来越丰富，逐渐成为人类科技进步和产业经济发展的重要注脚，迅猛而深刻地改变着包括就业、投资、衣食住行在内的人类生产生活态势，带来了广阔的创新空间、就业机会和投资价值。从机器人的视角来说，这种持续不断的螺旋演进与扩张，不仅反映出机器人自身的强大进化潜能，更表明其与各行各业已形成相互促进的良性发展循环。这也证明了机器人不仅是人类梦想的载体，更是人类探索与征服未知世界的重要手段。继而，一些本源性的问题呼之欲出：究竟如何定义机器人？如何看待它的工具性和产业价值？它和人类创造的其他工具有什么区别？它的产业价值究竟能有多大？

对于这些问题，本书的探索与回答是谨慎的，它们就藏在字里行间，而每位读者最终一定会形成自己的答案。

尘封的历史与古老的逻辑

在本书的第 1 章和第 4 章，笔者会梳理机器人的历史、发展和产业逻辑，厘清它对普罗大众究竟有什么价值、为什么建议每个生活在 21 世纪的人都去了解机器人。通过阅读第 1 章，读者能够从原始逻辑层面，理解第 4 章中谈及的机器人产业链何以形成今天这般格局，以及那些出色的机器人相关企业、机构和学术组织的贡献有多么重要。

这一阅读过程将会是一次畅快清凉的急速滑水，是轻松的科普阅读和实用的专业解读的融合。例如，你会看到，自古以来，类机器人相关研究和试造便在多国涌现，但它们绝非仅是奇技淫巧，而是与人的生产生活实践紧密相连的工具。一个尤为引人深思的例子是，相传唐朝的王据曾研制一种类似水獭、可帮人捉鱼的“机器人”，这几乎是世界上最早用于人类生产活动的类机器人器物。其身上配置有鱼饵和机栝，用石头缒着它沉入水中后待鱼上钩，鱼吃鱼饵时会触发机栝，石头便从它口中掉到水里，口合起来后嘴里的鱼便无法逃脱了。等鱼从水里浮上水面后，捕鱼者弯身收获即可。历史上，类似的案例其实并不罕见，而它们之所以常常被人忽视，是因为机器人在早期发展阶段便清晰地展现出其内在使命：与人实现极致的协同。这种协同使机器人能与环境产生交互，在交互中协助人实现“以小博大”的战略目标，更确切地说，是提升生产生活的品质与效率，通俗地讲就是“省事”。只要人对这种“多快好省”的追求没有改变，就会持续推动机器人技术的发展，扩大其应用范围并增强其稳定性和可靠性。

如果让你来造一台机器人……

在一代代艺术家、发明家、企业家的努力下，机器人逐步形成了相对稳定的种类、性能、技术和生产范式。在第 2 章和第 3 章中，笔者会简要梳理机器人的构成和打造机器人的流程，这背后令人兴奋之处在于，在高科技前沿领域，机器人始终为那些富有进取精神的人留出了极大的创新空间。这不仅指技术的革新，也包括理解市场格局的脉络、产品规划的流程、企业品牌的战略、产业研究的方式等。正因如此，机器人赛道才有了近些年的一些突破性进展，如服务机器人在日常生活中的加速落地（不仅是家用扫地机器人，还有在特定场景中使用的商用清洁机器人、接入业务服务流程的法律机器人、打通梯控和电梯构成智慧立体交通系统的递送类机器人等）、人形机器人的爆发（技术、产品、生产和品牌的合力，让曾被视作噱头的人形机器人迎来新的历史阶段）、AI 与机器人的强融合趋势（随着 AI 大模型的发展，一个其实并不新的概念“具身智能”走到了前台），这也是本书作者认为寻找职业方向的年轻人、追踪市场价值的投资人、习惯深度思考的研究者、对科技有兴趣的爱好者应当长期“押注”机器人的另一维度的原因。

“搞”机器人是条好出路吗

在第 5 章中，本书系统分析了机器人的投资价值——并非老调重弹，叙述个人投资者应该如何买入股票或投资机构应该如何寻觅创业公司，而是基于前几章的论述，以满足人性的基础需求和拥有战略思维为核心，从机器人行业的底层逻辑与商业模式出发，探讨“投资机器人”到底是在投资什么？同样，第 6 章没有把老套的职业生涯规划的套路照搬到机器人领域。本书更关注的是，如何帮助人们在充满不确定性的环境中、在了解机器人产业大局和机器人企业一般职能分工的基础上，学会用战略视角思考职业问题，拥有快速做决策的能力。更重要的是，这样的能力可以复用到其他行业领域。同时，本书针对机器人行业职业规划给出了具体资料和建议。

AI 与机器人：云谲波诡

有了前几章的铺垫，我们就可以在这场滑水之旅中冲向迷雾渐起的第 7 章——AI 与机器人。AI 无疑是近些年最红火的科技领域之一，但它远没有那么完美，而且就像“机器人”这个术语一样，“AI”对大众来说既熟悉又陌生，且很难被定义，几乎每个人对 AI 的理解都有所不同。比方说，很多人把机器视觉、激光雷达、深度学习甚至会唱歌的玩偶等各种技术和事物以不同的方式相互嫁接，然后统统归到 AI 的概念下。

有一种观点认为，终极的 AI 是对人类的智能、思维等内在能力的强悍模仿，即具有几乎等同于人类智能的力量。一些学者（包括“符号派”和“模拟派”）的研究方向就是让 AI 理解人类智能的运作原理。

然而，人脑中有上百亿个神经元，人的思考和学习是通过在不同神经元之间建立链接完成的。但我们很难搞清楚这些链接是如何实现高级推理能力的，事实上，即便低层次操作的实现原理也很复杂。大脑神经网络高深莫测，是一个真正意义上的“黑匣子”。既然我们自己都没有充分了解自己的智能，又怎么能言之凿凿地说 AI 研究仅是对人的“模仿”？这也是为何很多人认为 AI 的潜力比人强得多，就是它能够学习任何知识、瞬间推理并输出有效观点。

那么，AI 到底是模仿人类智能，还是在创造新的智能？

既然 AI 领域如此深不可测，那么自达特茅斯会议以来，它历经几起几落、在产出新成果和遭遇挫折间徘徊往复，也是再正常不过的现象了。

从某种意义上说，机器人本就是 AI 领域的一部分，尽管这种看法存在争议。如今，正涌现出一个苗头，即随着以 OpenAI 为代表的科技企业研发的大模型的突飞猛进，AI 与机器人加速合流。也许十年后，人类终将见证目前只在文艺作品中才存在的智能机器人：能与人零延迟多模态交互、可在不同场景中自主执行各种精细复杂的任务（而人不借助外力永远只能在对身体和精神无害的空间中活动）、通过与人协作彻底改变人与环境的关系、将人的能力范围近乎无限地拓展……那将是当下的我们难以想象的科技洪流。届时，AI 不仅是大脑，也是心智，赋予机器人知识、判断甚至意识，而机器人是依从“脑”和“心”行事的强大智能体，让 AI 的威力在人类生存的这个所谓三维物理时空中具有更广泛的实际意义。目前，Google DeepMind、斯坦福大学等机构和个人研究者已经初步实现了用直白的人类语言来指挥机器人。人类将前所未有地认识到，人与机器人的关系绝非只是使用者和发明者或被使用者和被发明者，双方作为一个有机整体，对环境的探索和对反馈的思考，将像永动机一般持续重塑人类社会。有意识和能力运用科技知识实施战略性目标的组织和个人将获得更大的社会话语权。

其实这一切已经发生，而且越来越普遍。例如，救援人员操控机器人进行抢险救灾、农民利用无人机播撒种子、送餐机器人协助服务员把食物送给顾客、安保机器人向监控中心传送预警信号、建筑师在元宇宙中设计建筑后将其在现实中建造出来……只不过，眼下的人机协同、控制与反馈、科技知识的运用还处于点状、零散和懵懂的阶段，越早了解及投身于机器人和赛博世界，便越有利于掌控未来生活的主动权。

如果你对此依然心怀疑虑，那么接下来了解一下机器人是如何在不经意间改变人类生活的。

机器人早已影响你的生活

如前文所述，机器人本就不是单纯的技术角色。在当今世界，机器人是一种变革力量，深刻塑造着人类社会的方方面面。下面这些例子证明了机器人是如何在不经意间改变我们的生产生活的。尽管必须承认，很多机器人的性能还没有那么出色，应用广度和深度也还不够，但趋势已不可转变，机器人的时代正在迎面走来。

1. 工业机器人

这可能是有史以来最成功也最不出名的机器人大类。可以说，工业机器人几乎是最早实现真正意义上广泛落地应用的机器人。事实上，普罗大众早就和工业机器人有了跨越时空的亲密接触：多年以前，汽车生产线就开始有机械臂的广泛参与，你平时触摸的汽车的各个部位，很可能都曾经被机械臂高举、加工和放置过。本书会详细分享工业机器人的硬核往事。

2. 农业机器人

在田间地头，不同功能的农业机器人正改变着农业的产业形态。农业机器人包括除草机器人、播种机器人、喷洒农药机器人、施肥机器人、采摘机器人等。可以说，它们已覆盖了一般意义上农业生产的主要流程。一个孩子中午吃下的西红柿，或许就是由机器人采摘的，尽管他/她完全不知道这件事。

未来，农业机器人会进一步向多功能、个性化、综合型、更普及的方向发展，如能播种的机器人还能巡检、洒农药的机器人也会采摘，这背后是环境感知、自主导航、能源管理和续航能力等技术环节的进步。

3. 医疗保健类机器人

从外科手术到病人护理，机器人技术在推动医疗保健方面发挥了关键作用。手术机器人，如达·芬奇手术系统，使外科医生能够以更高的精度进行微创手术；机器人外骨骼的使用增强了行动不便者的能力，使他们可以恢复行动能力和独立性，有一些外骨骼也被用于搬运货物和执行军事任务；结合了机器人技术的仿生肢则可为截肢者提供先进的运动控制、更自然的运动方式。据《人民日报》引用中国医学装备协会的数据显示，2023 年我国医学装备市场规模达 1.27 万亿元，同比增长 10.4%。机器人技术未来有机会在医疗领域继续大展拳脚。

4. 机器人成为教育的一部分

机器人技术已经进入教育领域，为学生提供 STEM（科学、技术、工程和数学）领域的实践经验。教育机器人让学生参与互动学习。例如，通过可编程机器人，学生可以自己动手制作并编写代码，实现一些有意思的效果。这几乎成为一门课程，就像体育、数学一样。机器人成为教育系统组成部分的底层价值在于，让孩子们更早、更高效地明白科技向善的力量，理解逻辑和理性的价值，培养批判性思维和解决问题的能力。

5. 零售和仓储机器人技术

就在你看到这句话的时候，大量的机器人正在世界各地的工厂里奔波，把零部件和成品递来送往。近些年，很多制造业、零售业公司都在使用自动导向车（Automated Guided Vehicle，AGV）等机器人设备，它们已成为较为常见和普通的工具，在终端用户和消费者看不到的地方辛勤劳动。贝哲斯咨询预计，2023—2028年，全球移动物流机器人市场规模复合年均增长率（Compound Annual Growth Rate，CAGR）高达21.42%。对中国机器人企业来说，随着海外电商的快速发展，仓储物流类机器人的出海正呈现绝佳的商业机会。

6. 废弃物回收机器人

废弃物处理是一个全球性难题，关乎每个人的切身利益，但许多人既不了解废弃物处理过程，也不清楚粗放的管理会造成怎样的污染。近些年，一些企业尝试通过“机器人+AI”来识别和分类废弃物中的材料，以提高回收率并减少污染。这是一条颇具前景的机器人细分赛道。

7. 抗震救灾机器人

虽然严重的天灾人祸并不常见，但是一旦发生，就会造成巨大的生命和财产损失，有时还会连带产生卫生和环境危机。抗震救灾机器人具有深入人类难以抵达的恶劣场景、提高救援效率等价值。

火遍全球的明星企业波士顿动力（Boston Dynamics）的Spot机器狗就已被初步用于灾难响应场景，包括绘制环境地图和远程评估危险情况等。

以上只是机器人改造人类生活的冰山一角，还有大量形形色色的机器人应用案例，除了前面提到的例子，还有国际空间站（ISS）上的机械臂、酒店大堂里的迎宾机器人、进入家庭的娱乐机器人、反向整合建筑产业流程的建筑机器人、把你的快递送到快递点的无人小车……这些机器人有的相对为人所熟知，有的则几乎从不被人所了解（因为它们与普通人日常生活的联系是间接的）。目前，各行业对机器人的应用程度参差不齐，有些行业中机器人已极为普及，有些则处于初级阶段。从某种意义上说，机器人的落地应用具有先易后难、刚需为上的特征。为什么工厂里能率先大量使用机器人？原因之一就是工厂里的工作环节、步骤、路线是相对固定的，机器人不需要面对太多的突发状况。家庭地面清洁、仓储物流属于和人类社会生活关系密切的环节，满足的是人类希望减少无趣辛苦的工作、节省宝贵时间的朴素愿望，因而它们被优先发展也合乎情理。

满足人性最本源的需求，也恰恰是机器人得以悄然改变人类社会的底层原因。这一点在“机器人”概念首次隐约出现在人类脑海中时，便近乎同步地出现在历史长河之中了。但在穿越时光隧道、一窥机器人扑朔迷离的起源故事之前，还是有必要介绍一下可能适合阅读本书的读者群体。

本书的读者群体画像

这是一本带有科普性质的“小工具书”，初衷是为科技爱好者和机器人爱好者提供一个能“一揽子”了解机器人领域的小小窗口；为刚进入机器人行业的新人和有志投身于机器人创业的勇者提供一点儿学习参考和职业建议；帮助在细分职能上深耕机器人行业的专业人士了解业内其他职能板块，并从不同视角认识机器人这个概念。

目录
contents

第1章
机器人简史

1.1　机器人前传

1.1.1　一种信仰：人类对仿人“类智能体”的痴迷

自古以来，人类对模仿自身智慧的渴望就异乎寻常地强烈。或许很难用精密的科学来解释这种冲动，但这显然关乎人类对智慧的敬畏和好奇。因为人类是这个星球上极为特殊的、具备较强独特性的成员。例如，人类拥有记忆、联想和判断等能力，能用感官认知世界，对外界事物做出反应。这推动着人类孜孜不倦地探索智慧的本质。其中，对创造具有仿人类智慧特征的器物的痴迷，是这种探索的重要体现。

1. 公元前的美丽传说

这种对“类智能体”的痴迷可以追溯到公元前的文学作品和神话传说。例如，在古希腊神话中，身有残疾的工匠之神赫菲斯托斯（Hephaestus）创造了众多神奇机械和武器，其中一个便是拥有类人智能特征的近似于机器人的物体——机械巨人塔罗斯（Talos）。相传它由青铜制成，用于守护克里特海岸，防止海盗入侵。在古代中国，《列子・汤问》记载称西周穆王时期的偃师曾用动物皮、树脂和木头制造了能歌善舞的伶人。它与塔罗斯一样，具有明确的存在意义和使用场景。公元前 2 世纪，古希腊人发明的一个自动机则更多地带有炫技和实验性质：它以水、空气、蒸汽压力为动力，像一个会动的雕像，可以自己打开门，还能通过蒸汽来引吭高歌。

诸如此类的例子还有很多。例如，古埃及工程师曾打造过机械服务员，中国的鲁班曾发明过能飞三天三夜的“木鹊”。尽管人类现在很难拿出极为确凿的证据，证明这些被口耳相传和简约记载的器物是否真的存在过，但至少可以表明，人类很早就萌生了制作仿人“类智能体”的原始意图，并尝试去描述、设计和运用当时的工艺技术去制造。人类持之以恒地以自身为标本，想象具有智能特征的器物会是什么样子，又能为人类做些什么，并一直不停地完善相关构想和工程实践。

2. 被哲学滋养的“类智能体”

深入历史的长河，我们发现这些构思和试验与一些源自古代、至今仍有深远影响的重要哲学思想相互映照，彼此交织。这并不奇怪，因为机器人是人的“复制”和延伸，而人本身就是哲学研究的主要对象。

这些哲学思想融合了人类对宇宙奥秘的好奇和对自身存在意义的探索。例如，曾长期主导人类文明发展进程的人类中心论价值观就是如此。根据 Φ.B.康斯坦丁诺夫主编的《苏联哲学百科全书（第一卷）》人类中心（主义）词条的阐述，“人类中心一词，源于希腊文 ἄνθρωπος——人，拉丁文 centrum——中心。”很多这一理论的拥趸认为，人是宇宙的最终目的和宇宙的中心，是万物中最完美的存在，具有超越其他生物的智慧和能力。这种看法明确无误地反映出部分人类对自身智慧的强烈自信与关注，无形中为人类对“类智能体”潜力的探索提供了理论养料和依据。

在谈论更多的哲学话题之前，让我们继续机器人的历史之旅，这会让我们更清晰地看到哲学是怎样甘居幕后、默默支撑一个科技产业成长的。

3. 中世纪的暗夜淬炼

中世纪，宗教势力崛起，科学技术发展停滞，人类对智慧的追寻更多地反映在对内心世界的探求上，神秘主义和灵性修炼成为许多人的追求，他们试图通过心灵的力量超越物质世界的限制。在这个过程中，人类进一步认识到自身的局限，强化了渴望超越现实世界的意愿。随着文艺复兴的到来，这种愿望促使人类不断探索新的技术和方法，重新关注科学技术，对仿人“类智能体”的痴迷也逐渐加深。更多的发明在“后中世纪”时代涌现了出来。例如，16世纪60年代，西班牙国王菲利普二世委托朱安洛·图里亚诺（Juanelo Turriano）制造了一个著名的机械和尚，它能走路，眼睛、嘴唇和头部可以移动。更具有标杆意义的人物无疑是意大利科学家和发明家列奥纳多·达·芬奇（Leonardo da Vinci），他进行了一系列关于自动机器和机器人设计的探索，包括设计各种机械装置和自动化设备，如能够写字、画画和演奏音乐的机器。他还设计过一种机械骑士，以风能和水能为能源，用齿轮作为驱动装置，让两个机械杆的齿轮与胸部的一个圆盘齿轮咬合，其（构想中的）能力包括坐直身子、挥动手臂，以及移动头部和下巴。目前尚不能确定它是否真的被制造出来过，但是后来曾有人进行过实验性的仿造。

4. 更进一步

到了 17 世纪和 18 世纪，更多精致的仿人“类智能体”自动机出现了，它们能够书写、绘画甚至演奏乐器，进一步推动了人类对仿人类智慧特征的机器的研究。例如，18 世纪 70 年代末，瑞士钟表匠皮埃尔・贾奎特・道兹（Pierre Jaquet-Droz）发明了一个坐在书桌前的“小男孩”，其能把笔伸进墨水瓶，然后写 40 个字。这个过程由大约 6000 个零件协同工作。从 19 世纪起，随着电力和电子技术的发展，人们慢慢开始尝试制造更自动化的能执行任务的机械装置，如用于进行计算、打字等任务的机器。与之相随的是机械自动化、生物功能机械化和仿生学的萌芽与进步。例如，1738 年，法国人发明了一只机器鸭，它会游泳、喝水、发出叫声，甚至能吃东西和“上厕所”。这一发明的价值之一在于，它能够将生物功能机械化，从而便于进行各种研究分析。

这一切都表明仿人“类智能体”的发展是一个摸着石头过河的过程，笔者认为技术进步和哲学研究在其中分别提供了实践与理论支撑，助推了现代机器人的诞生。但在正式谈论现代机器人之前，有必要专门一探处于“胚胎期”的人形机器人。

1.1.2 人形机器人初探

对于人形机器人，人们始终存在一些疑问。例如，研制人形机器人的必要性，以及它的功能和外观与人类无限接近是否应当是其发展的核心目标。这些疑问合理且必要，毕竟从实用主义的视角出发，能在各具体场景中工作的机器人只要根据具体功能需求来设定外形即可，如扫地机器人往往是紧贴地面的扁状物件、工业机器人通常是底座加手臂、光伏清洁机器人有很多是贴合光伏面板的长条……把机器人做成人形，似乎逻辑不通、徒增成本。因此，很多人认为，人形机器人的浪潮纯属资本炒作。在后面专门讲述人形机器人的章节中，笔者会具体分析人形机器人的必要性，在此处专门用一小节来浅析早期的人形机器人的萌芽，意在指出这样一个观点：结合前文概述的机器人早期发展史，应当看到在人类研制仿人"类智能体"的漫漫长路上，研究人形器物是一个重要组成部分，而仿人形器物包括后来的人形机器人又是古代哲人观察人类的重要窗口，这是其他形态的人造物和机器人所完全不可比拟的。

勒内·笛卡尔（René Descartes）在《谈谈方法》（*Discours de la Méthode*）中写道："如果有一些机器跟我们的身体一模一样，并且尽可能不走样地模仿着我们的动作，那么还有两条非常可靠的标准可以用来判断它们并不因此就是真正的人。第一条是：它们决不能像我们这样使用语言……向别人表达自己的思想。因为我们完全可以设想一台机器，构造得能够吐出几个字来……可是它决不能把这些字排成别的样式，以适应不同情境并做出恰当的回应，而这是最愚蠢的人都能办得到的。第二条是：那些机器虽然可以做许多事情，做得像我们每个人一样好，甚至更好，却绝不能……在生活的各种场合全都应对自如，像我们依靠理性行事一样。"

这无疑为研究人与机器人的关系提供了缜密而有趣的思想指导，即便在AI发展得如火如荼、人们渐渐把和智能体交互视作平常的今天，这两条标准仍然不显得过时，其与图灵测试放在一起堪称双星并耀。

图灵测试的名称来源于其发明者——英国数学家艾伦·麦席森·图灵（Alan Mathison Turing），他被认为是人类计算机科学的先驱之一。1950年，图灵在英国*Mind*杂志上发表了《计算机器与智能》一文，首次提出了图灵测试的想法，探讨了机器能否思考的问题，并提出了评估AI的方法。

图灵测试的基本原理很简单。它就像是一个模仿游戏：人类“法官”通过屏幕和键盘以书面形式提出各种问题，人类对话者和机器也以书面形式做出回答。如果“法官”难以充分区分回答问题的是机器还是人类对话者，那么机器就算是通过了图灵测试。

几十年来，图灵测试一直是AI领域最著名的测试方法，其影响力早已超越了科技界。不过，如今有很多人认为图灵测试已有些过时，因为其目标和当前AI研究的方向不太一致——AI能发挥极大价值的方式是植入手机、电脑、汽车、家庭、工厂……人们更关心的是AI能带来哪些便捷的生产生活体验、如何为人类服务，至于感官上“像不像人”似乎并不重要。但不管怎么说，图灵测试作为AI发展的一个“地标”，其意义永远不会消散。

再回到机器人话题本身，人类研究人形机器人其实也几乎是出自人类的本能，就像人类会根据自身的形象去想象神灵的样子。既然人类已成为地球上最聪明的物种，那么在追求智慧和探索未知的征途中，除了人类自身，我们还能参照和模仿谁呢？与之类似的是，人类大量的发明都与仿生学密不可分。人类在科学研究中大量模仿和探寻植物、动物等地球住客的内在秘密，以便用于辅助人类社会的进步。一个与之相关而又不为很多人所知的有趣例子是，在1889年的巴黎世界博览会上，法国工程师艾蒂安·利诺

（Étienne-Jules Marey）展示了名为“Galloping Horse”的装置，这个装置利用一系列连杆和齿轮模拟马匹奔跑的动作，展示了机械系统如何模仿生物体的运动。许多人认为这一展示对机器人技术的发展具有重要的启发性。

瑞士钟表匠皮埃尔·贾奎特·道兹（Pierre Jaquet Droz）与其子曾制造过一系列复杂的自动人偶，能够书写、绘画和弹奏乐器，这反映了当时的人们对使用机械装置模拟人类动作的极致追求。日本的人形端茶机器人 Karakuri 则在实用性方面更胜一筹，当其怀中托盘上的茶杯被倒满后，它会自动移动到客人面前。待客人取走茶杯后，它再离开。但曾一度引发更大轰动的是同时代的匈牙利发明家沃尔夫冈·冯·肯佩伦（Wolfgang von Kempelen）的惊人“发明”：一个会下棋的土耳其人形“机器人”。尽管事后证明这是一个骗局——该机械内部的实际操作是由隐藏的人类棋手完成的——但这一装置激发了公众对智能机器的极大兴趣。

类似的尝试源源不断，它们持续地帮助人类积累有价值的认知、技术与经验。19 世纪 40 年代，约瑟夫·费伯（Joseph Faber）更进一步，制造了一个名为 Euphonia 的机器，这个机器拥有人的面庞，能够通过风箱系统讲几种语言并唱歌。这在当时已属惊艳。这些早期尝试无疑推动了机械手臂、关节和人机交互体验的发展，而这些是后来包括人形机器人在内的各类机器人的重要组成部分。尽管这些装置在今天看来可能并不具备真正意义上的机器人属性，但显而易见的是，它们再次证明了人类在探索和模仿自身智慧的过程中，很早就开始将人形机械作为打造仿人“类智能体”的一部分，这些人形机械是包括人形机器人在内的机器人发展史上的重要一环。这些尝试也让人们相信，在不久的将来会出现真正意义上的具有一定自主意识的智能体。

再谈哲学

在这漫长的发展旅程中，哲学始终甘居幕后，在创意与技术之间起着黏合剂与助推器的作用。哲学家们通过探索技术和自然规律的关系，推动着人们对机械自动化的理解和接受程度。例如，关于机器与人类智能的关系，在较早期的一些哲学著作中便已有涉及，其中18世纪法国哲学家朱里安·奥弗鲁·德·拉·梅特里（Julien Offray de La Mettrie）在《人是机器》（*L'homme Machine*）一书中提出，人体如同复杂的机器，其思维和情感都可以通过物质机制来解释，人和其他动物一样也是机器一般的物质实体，灵魂是肉体的产物。这从另一个视角审视了人与机器人、人与仿人机器人的关系，等于是将人的一切"还原为物理的、化学的和机械的运动"。这种机械论人体观为对人进行机械复制（这显然主要包括人形机器人的研究）提供了有力的理论指导。更知名的是卡尔·海因里希·马克思（Karl Heinrich Marx）提出的异化劳动理论。虽然该理论并非针对机器人，但其对机械化生产条件下人的主体地位和自由意志的分析，对后世理解人与机器人的关系具有深远的影响。随着现代机器人技术的诞生和快速发展，这种影响变得更加显著。

1.2 现代机器人的诞生

1.2.1 艺术的羁绊：从波希米亚讲起

一般认为，"机器人"（robot）一词源自捷克剧作家卡雷尔·恰佩克（Karel Čapek）在1920年左右创作的剧本《罗素姆万能机器人》（*Rossum's Universal Robots*）。这部作品我们不必细究，只需知道一部分情节即可：一位哲学家研制出一种人造劳工。这些人造劳工外貌与人类相差无几，被资本家大批制造出来充当劳动力。后来，这些人造劳工反叛了人类……大部分人认为，恰佩克是“机器人”一词的创造者。虽然江湖中还流传着另一个版本，称创造了“机器人”这个词的其实是恰佩克的兄弟 Josef，但无论如何，这个词的灵感源于捷克语中的“robota”。“robota”一词在捷克语中的含义为“义务劳动”和盲目从命的人，或指“农奴”。这也意味着，在人们约定俗成的认知中，机器人这个概念在根源上就充斥着“苦力”“类人”“人类主导下的自主”等基因，也就是“有一定智力的、为人类服务的劳动力”。

几年后的 1927 年，弗里兹·朗（Fritz Lang）执导了一部开创性的无声科幻电影《大都会》（*Metropolis*）。这部杰出的作品深刻描绘了一个充满巨大阶级对立的世界，展现了其中的矛盾、残酷与抗争。在这个世界里，机器人玛丽亚在推动社会变革中扮演了关键角色。

艺术作品让机器人这一概念的影响力大大提升。在一段不长不短的岁月之后，在 1939 年的纽约世博会上，身高 2.1 米的巨大机器人 Elektro 亮相，它借助齿轮和电动机系统不仅能行走，还能挥手、转头、说话（词汇量达 700 个）。Elektro 还有一只机器狗做伴，它能吠叫和摇尾巴。当年，难以计数的观众不惜排队数小时，只为一睹这两款机器人的风采，其盛况较如今人们在网络上疯狂点击围观波士顿动力机器狗和特斯拉机器人有过之而无不及。

可以说，“机器人”一词的出现不仅标志着艺术作为一股正式的力量，开始与哲学一起加速推进机器人的现代化进程，也象征着艺术与哲学共同塑造了现代机器人的起源与发展。科技一直是推动机器人领域发展的关键力量。而艺术在机器人技术的进步和产业发展中扮演了重要角色，但这一贡献常被忽视。无论是《我，机器人》，还是《终结者》系列，抑或是涉及机器人元素的《星球大战》《变形金刚》《钢铁侠》《铁臂阿童木》《银翼杀手》《第五元素》……这些充满想象力的作品影响着机器人进步的方向。作为人类想象力和创造力的重要载体，艺术作品也为机器人与人类社会的关系研究提供了契机与启发——毕竟机器人是要在具体场景中承担具体职责的，而现代意义上的首台机器人恰恰与艺术作品密不可分。这一切都源自两个男人之间的一场并不起眼的谈话。

1.2.2 一场1956年的密谈

1956年的一场酒会上，两个男人正在密切交谈。他们眉头紧皱、神色紧张，但不一会儿又哈哈大笑起来。这是一场历史性会面，这两个男人一个叫乔治·德沃尔（George Devol），是一个发明家；另一个叫约瑟夫·恩格尔伯格（Joseph Engelberger），后来他被誉为“机器人之父”和“机器人工业界的亨利·福特”。在这场交谈中，德沃尔告诉恩格尔伯格，他刚刚申请了一个专利，叫作“可编程的用于移动物体的设备”。恩格尔伯格惊喜万分：“这不正是阿西莫夫笔下的机器人吗？”

威尔·史密斯主演的著名科幻电影《我，机器人》正是改编自艾萨克·阿西莫夫的同名小说。1950年，恩格尔伯格读到了这本书，大受震撼，当时就产生了制造机器人的念头。6年后与德沃尔的相遇，让他拥有了把梦想变为现实的契机。两人一拍即合，决定联手创办一家生产机器人的伟大企业。

1958年,他们拿出了一个能够自动完成搬运任务的机械手臂,它本质上是帮助人类搬运物品的自动化助手,这可以算是现代第一个机器人。恩格尔伯格和德沃尔认为,机器人将成为未来人类的重要助手,但越是要机器人精明能干,研发成本就越高。在很长一段时间里,最前沿的机器人只有大型企业负担得起。因此,他们把重型制造业定位为首要目标行业,让机器人承担那些对人类来说有危险的工作。

美国企业巨头通用汽车公司成为他们的目标。

1961年,通用汽车公司在对这项新发明的疑虑中,同意在距离纽约最近的新泽西工厂进行试验安装,结果皆大欢喜。通用汽车公司认识到机器人具有划时代的重要性,迅速订购更多的机器人,并将它们安装在全美各地的工厂。这些机器人承担的工作范围也扩展到焊接、油漆、黏合和装配,从而带来了自动化生产领域的革命性突破。其他汽车公司见状纷纷跟进,将机器人用于流水线作业。美国机器人协会后来评价称,这项发明彻底改变了现代工业,尤其是汽车制造的流程。直到今天,汽车制造仍然是机器人应用最为成熟和活跃的领域。同时,燃油汽车和新能源汽车市场的走势也直接影响着机器人行业的兴衰。

1.3 机器人的现代启示录

1.3.1 潜伏在你身边：划时代的工业奇迹

1. 站在巨人肩膀上腾飞

第一代机器人傲然挺立几年后，斯坦福大学人工智能研究中心打造了谢克机器人项目（Shakey The Robot），其主体是一台移动机器人，这也是现代首个移动机器人。它还具备一定的观察和环境建模能力，而当时控制它的计算机要装满整个房间。可见，人类在创造出“更聪明的苦力”之后，并未就此止步。人们希望它们能够自由移动，并更好地融入人类生活，从而更有效地帮助人类减轻负担。

恩格尔伯格和斯坦福大学在机器人领域的发展中发挥了先锋作用。在他们的引领下，机器人产业从 20 世纪 70 年代开始蓬勃发展，机器人学逐渐发展成为一门独立的学科。1970 年，第一届国际工业机器人学术会议在美国召开，这次会议被视为机器人领域发展的重要里程碑。工业机器人在各种应用场景中卓有成效的实用范例逐渐推动了其应用范围的扩大。同时，由于应用场景的千差万别，也反过来推动了不同形态、技术和结构的机器人的产生与发展。大规模集成电路和微型计算机的发展与应用极大地提升了机器人的控制性能，同时降低了机器人的生产成本。因此，从 20 世纪 80 年代开始，机器人逐渐走向实用化。此外，20 世纪 80 年代计算机和传感器技术的进步进一步推动了机器人在感知和反馈能力方面的提升。

1993 年，一台名为但丁的八脚机器人令人惊喜地开创了一个新纪元：它由远在美国的研究人员操控，负责探索南极洲的埃里伯斯火山。这是人机协作的一个里程碑，也给了我们一个关于机器人的重要启发：机器人作为被人类发明的助手，其使命是配合人类需求、与人类共同完成任务，而非取代人类。恩格尔伯格认为，机器人的使命是帮助人类把生活过得更好。只是到后来，随着人机协作的进化，人机协同共生的态势日渐增强，人机界限开始出现模糊，赛博信徒陡增，出现了对机器的狂热崇拜现象。但笔者认为，作为人，永远不能忘记研发智能机器的初衷，如果让自己的发明物占据了主导地位，那么人类就丧失了存在的意义。

1999 年，索尼公司的机器狗“爱宝”产生了轰动，这款售价 2000 美元的机器狗能够自由地在屋子里走动，并且能够对有限的指令做出回应。这算是某种标志——20 世纪 90 年代以来的机器人，正在朝着越来越智能化的方向发展，其中主要经历了三个阶段：可编程试教的机器人、再现型机器人、有感知能力和自适应能力的机器人。其中，最受人瞩目的关键技术有多传感器信息融合、导航与定位、路径规划、机器人视觉智能控制和人机接口技术等。

2. 智能化的无限加强

2000 年，本田汽车公司推出了其标志性的人形机器人阿西莫（ASIMO）。它身高 1.2 米，能够笨拙地以接近人类的姿态行走和奔跑。2002 年，iRobot 公司发布了 Roomba 清洁机器人，这是扫地机的鼻祖，也是第一款在商业上取得成功的家用机器人。蓬勃发展至今的扫地机行业证明了人类是如此地不喜欢做家务，却又那样地渴望舒适的生活环境。

2012 年，美国内华达州机动车辆管理局颁发了世界上第一张无人驾驶汽车牌照，该牌照被授予一辆丰田普锐斯，这辆车使用谷歌公司开发的技术进行了改造。如今，无人驾驶和智能汽车领域的发展如火如荼，我们不应忘记这一具有里程碑意义的牌照。

汽车作为提升人类移动能力、让人出行更轻松的重要发明，其智能化（或者说机器人化）是一种必然现象。因为越机器人化，人类开车就越轻松。汽车的机器人化直接指向了人类驾乘体验的颠覆性提升——由车辆负责处理驾驶任务，如识别路况、躲避障碍物、规划行进路线，人类不再专注于操控车辆，而是适当地协助车辆行驶，以空出更多精力处理其他事务。这是一种另类的人机协作模式，随着这种模式的普及，人类的生活与工作方式也将发生深刻变化。“自动驾驶观光”“移动商务”等概念将更加普及，而这将进一步推动社会结构的优化、出游的愉悦和生产力的解放。

说到让人类轻松，就不得不提到波士顿动力和特斯拉的努力。这可能是当今世界上最受瞩目的两大机器人玩家，它们每一次的产品迭代都能吸引全球的目光。波士顿动力与特斯拉分别代表了行业内的高端研发路径与市场化应用探索这两种方向的竞争态势。波士顿动力以其卓越的动态平衡控制、复杂动作执行能力而闻名，注重机器人在极端条件下的表现和运动学极限的探索。特斯拉着重于打造成本可控、适用于大规模生产、能实际应用于日常生活和工业场景的实用型机器人。但无论是哪种路线，其底层目标显然都是设法让机器人变得更强，让人类更轻松。

波士顿动力最知名的研究成果有两个：Atlas 和 Spot。Atlas 是类人型机器人，拥有极高的灵活性与机动性，能够执行复杂的动作序列，包括行走、跑步、跳跃、翻滚，甚至执行一些体操动作。

它通过传感器、视觉系统和高级的控制算法，能够实现自主导航和规避障碍物。Spot 是一款四足机器人，被设计用于多种商业、军事和研究应用。它能够在崎岖的地形行走、爬楼梯，并且可以携带有效载荷。Spot 还具有开放式的 API 架构，允许开发者根据需要定制其行为和功能。

特斯拉机器人 Optimus 身高 5 英尺 8 英寸（约 1.73 米），体重 125 磅（约 57 千克），预计最高时速可达 5 英里 / 时（约 8 千米 / 时）。当然，随着特斯拉对机器人研究的深入，这些数据可能会发生变化。特斯拉机器人 Optimus 的设计理念是强调实用性，旨在完成具有重复性、危险性或人们不愿做的工作，如在工厂中搬运重物或执行精细操作。该机器人将整合特斯拉在自动驾驶汽车技术方面积累的 AI 技术和计算机视觉技术，预计具备一定程度的自主导航、感知和决策能力。

3. AI 带来的 X 因素

机器人的发展与 AI 这个经历过几起几落的领域密不可分。2023 年以来，OpenAI 及其打造的 ChatGPT 火爆全球，AIGC 风潮席卷世界，大语言模型（LLM）成为网络热词。2024 年，各类相关的创新创造层出不穷。几年前，在 AlphaGo 4 比 1 击败世界围棋冠军李世石所引发的一轮 AI 热潮退去之后，如今人们再次对 AI 燃起热情。事实上，AI 已经饱经沧桑地发展了数十年，而机器人作为“泛 AI 阵营”的成员之一，其发展与 AI 的历史密不可分。无论是自动定理证明的兴衰、从专家系统到知识图谱的试错、第五代计算机的教训、神经网络的出现，还是自然语言处理的诞生、强化学习的进化……AI 的曲折发展都刺激着机器人的腾飞。在后续章节中，笔者还会对 AI 与机器人的关系进行进一步探讨。

回顾过去，你会发现，机器人这个划时代的工业奇迹早已在多个维度和意义上深深融入了人们的生产生活。其中也包括与几乎每个普通老百姓都息息相关的一件事：就业。

1.3.2 “更聪明的苦力”：重新塑造人类就业结构

单独提及就业，是因为机器人作为人类的助手和伙伴，天然就与人类的就业状况紧密相关。在劳动力市场上，机器人缓慢引发的深刻变革既带来了挑战，也孕育了机遇。它们作为“更聪明的苦力”，不仅替代了体力劳动，促进了技能升级，还创造了新的职业机会，从而在多个层面上重新塑造了人类的就业结构。

1. 变革劳动力结构与需求

机器人的智能化进步对人力资源结构产生了向上的推动力。随着工业自动化程度的不断提高，企业对具备高级技能的技术人才的需求日益旺盛，如 AI 算法工程师、机器人维护专家等。这要求劳动者必须不断提升自身的知识技能，向更高层次的职业岗位发展，从而实现由低技能劳动向高技能劳动的转变。关于如何在机器人领域更好地发展职业生涯，后续章节会专门进行论述，给大家提供一些参考和建议。

2. 千行百业的智能转型

机器人的广泛应用直接导致了传统体力劳动领域的样态改变，例如，在制造业、物流业等领域，波士顿动力的 Atlas 人形机器人与 Spot 四足机器人已经开始在搬运重物、执行危险任务等方面取代人力，尽管这一过程仍处于非常早期的阶段。仓储物流类机器人（如 AGV、AMR）则早已在全球得到了非常广泛的应用。根据 Grand View Research 的研究，预计 2023—2030 年，全球仓库类机器人（Warehouse Robotic）市场的年均复合增长率（Compound Annual Growth Rate，CAGR）将达到 19.6%。这一增长主要受益于电子商务行业的繁荣，其中仓储自动化需求提升显著。机器人的出现极大地提高了工作效率，减少了人为错误，同时对从事此类工作的人员提出了新的就业挑战——他们需要适应这一变化，与机器人共同劳动，或通过技能培训转战其他领域。

3. 难以忽视的就业不平等问题

人类必须正视由机器人引发的就业不平等问题。

随着机器人能力的提升，目前人们习以为常的部分就业岗位，尤其是一些对从业者教育水平要求相对不高的职能岗位，可能会被机器人冲击，导致部分工人或白领失业。因此，从长远的角度看，政策制定者和行业研究者必须思考：如何确保机器人带来的经济效益能公平惠及全体社会成员，避免收入差距的扩大。例如，加强职业教育、提升劳动力技能，使人们尽快适应新的就业局面；推动产业升级，创造更多具有高附加值的新型工作岗位。

4. 创造出全新的就业岗位

机器人不只会替代部分人的工作，也能在一定程度上创造出全新的就业岗位。例如，在机器人设计、研发、销售、服务等环节中，就已经涌现出了大量新的职能——和新型机器人无缝合作，需要新型人才。设计生产越来越高精尖的机器人，需要更多人力。用户购买了机器人解决方案，更需要高素质的客服和维保人员。同时，由于机器人无法完全模拟人类的创造性思维和情感交流,因此在教育、医疗、艺术等行业，以及涉及个性化服务和决策制定的工作领域，人类依然具有不可替代的优势,短期内不可能被机器人抢走“饭碗”。虽然 AI 正在“侵蚀”这些行业，但也是以辅助而非彻底取代人类为主要趋势的。

总体来说，“更聪明的苦力”正以前所未有的方式改变着人类的就业形势。从长计议，人类必须积极引导和应对这一变革趋势。例如，既要鼓励科技创新，也要完善社会保障体系，构建一个更加和谐、高效的人机共生的社会环境。只有这样，人与机器人的协同作业才能真正释放人类潜能、提高生产力、促进社会包容度及可持续发展。随着伦理框架和相关法律法规的不断完善，以及技术人性化的持续加强，相信人机协作将变得更加顺畅，基于信任与尊重的伙伴关系将被构建。在这样的基础上，未来的职场和家庭将不再只是人和人的关系，而是呈现出多元智能交相杂糅的局面。机器人作为人类的助手、同事和战友，会和人类一起创造一个繁荣、和谐的新世界。

第 2 章 “解剖”机器人

2.1 机器人的分类

机器人内涵的复杂性意味着它们可以根据多种标准进行分类。例如，可以基于控制方式、运动模式、智能程度、结构关系等维度进行分类。一般来说，根据机器人的工作场景和用途进行分类是最常见且广为人知的方式，即将机器人划分成工业机器人、服务机器人和特种机器人。但再向下细分，就众说纷纭了。而且，显而易见的是，这种分类方式虽然实用，但并不十分精确，随着机器人技术的发展，可能会变得不再那么科学。例如，假设未来的人形机器人既能服务于家庭，又能适应工厂车间，那么它究竟是工业机器人、服务机器人还是特种机器人？如果人形机器人在现有基础上发生了一些我们目前难以想象的演变，甚至出现了既能服务 B 端场景需求，又能服务于 C 端[1]用户的“新物种”，我们又该如何分类？是否需要为其单独设计一个新的类别？这些问题显然还有许多讨论的空间。

1　在本书中，“客户”“用户”的表述都会出现。一般来说，to B 的“买单者”被称为客户，而 to C 的被称为用户。但这并不意味着 to B 就只关注客户而不需要重视 C 端人群，原因有很多。例如，它们的客户可能面向的是 C 端人群，to B 企业如果能端到端地考虑到客户的用户，那么理论上它会获得商业竞争优势。这关乎商业模式，此处不做赘述。

在后续章节中，笔者将主要围绕机器人最常见且最引人注目的分类方式进行探讨，并对未来可能发生的演变进行简要的展望。需要强调的是，本书中的定义、陈述和概括可能随时会因为机器人技术的快速进步而变得“落伍”。

2.1.1 朴实无华的一般性分类

机器人通常被分为工业机器人、服务机器人和特种机器人，每一类又可以继续向下细分出很多不同的种类。

1. 工业机器人：机器人家族的“大哥”

工业机器人是一种机电一体化装置。作为先进的智能装备，它能够在一定程度上实现智能自动控制，并支持灵活重复编程。它们具有工作效率高、可靠性好、重复精度高和适应高危作业等优势，在现代工业生产中发挥着至关重要的作用。工业机器人早已遍布电子、机械、化工等多个领域，并可用于装配、搬运、焊接、喷涂、打磨、切割和检测等众多生产场景。一个正在磨削钢的工业机器人如图 2-1 所示。其中，汽车制造业是最早广泛应用工业机器人的行业之一，主要用于汽车零部件组装、车身焊接、涂装等工作环节。

图 2-1 一个正在磨削钢的工业机器人

工业机器人是推动工业化进程向智能化方向发展的重要推手，是现代制造业的关键组成部分，在全球范围内对产业升级和生产力提升发挥着重要作用。根据国际机器人联合会（IFR）发布的《2023世界机器人报告》，2022年度全球工厂中新安装工业机器人数量为553 052台，同比增长5%。其中，亚洲占73%，欧洲占15%，美洲占10%。

1）工业机器人的构成

工业机器人主要由三个核心部分组成：主体结构、驱动系统和控制系统（但正如本书在后续章节中将指出的，不同的人对机器人的构成持有不同的看法）。主体结构通常由机械臂、手腕和末端执行器等关键组件构成。驱动系统可以采用液压、气压或电气等多种形式，为机器人的各关节提供动力，使其能够在三维空间内实现多自由度的连续或间歇运动。控制系统是机器人的核心中枢，通过运用复杂的算法和进行精确的计算来协调各部件的动作，确保机器人能够按照预设程序，精确无误地完成一系列高精度、高强度和高重复性的任务。在工业机器人领域，最常被人们谈论的核心零部件包括伺服系统、减速器和控制器等。

2）分类也“套娃”

根据应用场景与功能需求的不同，工业机器人还可按不同方式进一步细分出多个类别，如同“套娃”一般。对这些分类中的相当一部分，下文在对机器人整体分类做进一步梳理时会介绍，此处只选取一组来举例：较轻型的工业机器人因其结构紧凑、动作灵活和对工作环境适应性较强等特点，一般适用于对构造精细、重量较轻的物体进行操作。例如，电子产品的组装、微小部件的定位、药品分拣与包装等，这些环节和场景对精度的要求非常高。一种小型机器人如图 2-2 所示。中重型“大块头”的工业机器人，通常拥有更强的负载能力和更广的作业范围，它们往往负责承接负荷较重的任务。例如，在汽车制造业中，它们负责车身的焊接与装配；在铸造车间中，它们负责物料搬运；在金属加工中，它们负责切割与打磨等工作。这些应用场合不仅需要机器人具备强大的力量，还要求它们在复杂环境中能够展现出稳定且高效的性能。

图 2-2　一种小型机器人

无论是哪一种工业机器人，也无论它们被如何分类，在你阅读本书时，它们都在各自的领域内与人类员工协同工作，致力于提高生产效率和降低人工成本。

3）工业机器人的应用场景及优势

下面对工业机器人的应用场景及优势进行深入分析。

- 在自动化产线的应用方面，如汽车零部件组装和电子产品的制造。在理想情况下，工业机器人能够帮助提高生产效率、减少人工作业引起的误差、降低总体成本。

- 在危险环境的应用方面，如在高温或充斥着有毒有害物质的环境中，工业机器人可以替代人类完成作业，从而间接保障人类员工的安全。
- 在精细化作业的应用方面，工业机器人利用末端执行器和精密控制技术，可以对微小部件进行安装。

出色完成这些使命的基础，是工业机器人所拥有的一些技术特点，或者说是人类赋予工业机器人的一些能力指标。它们包括但不限于以下几点。

- 精度与稳定性：优良的、先进的工业机器人具备高精度定位能力，有助于保证生产出的产品达到一致的质量标准。
- 灵活性：通过重新编程等方法，工业机器人能够迅速适应不同生产线的作业需求，从而提高生产过程中的灵活性。
- 负载与工作范围：由于设计的差异，机器人能够承受的负载重量各不相同，要确保机器人能够在特定的工作范围内有序运行。
- 智能化程度：现代工业机器人常常会融合配置传感器、机器视觉、AI 算法等，这些融合赋予了机器人一定的自主决策和优化能力。

随着技术的不断进步，工业机器人的应用范围和功能将持续拓展，并将远远超越现有的模式和范畴。

4）工业机器人的未来，关乎普通人的饭碗

如今，工业机器人正在经历一场深刻的变革，朝着更轻量化、模块化、智能化、网络互联和协同作业的方向迈进。这种发展不仅体现在硬件结构的优化升级上，也体现在与物联网技术、云计算平台、大数据分析等的深度融合中。通过实时数据传输与智能算法分析等方式，工业机器人能够具备或被赋予更强的远程监控、预测性维护和自主学习优化等功能，从而显著提高其工作效率与精度。然而，为了在复杂动态环境中拿出更为卓越的表现，尚需进一步提高人机交互的自然流畅度、非结构化环境中的自适应性和自我组织能力等。

在与我们息息相关的劳动力市场中，工业机器人的广泛应用无疑会对一些传统工作产生替代（可参阅 1.3.2 节的相关论述），这可能会改变企业雇主对就业市场的看法，并减少对某些岗位的市场需求。然而，从另一个视角来看，工业机器人的腾飞也为劳动力市场带来了新的生机与活力：工业机器人的设计、研发、集成、调试、维修保养和数据分析等一连串环节都需要沉稳老练的工程技术人员，其产业规模的扩大也会为社会创造更多的就业机会。

对于企业主和公司高管来说，引入工业机器人是一个长期的过程，不可能一蹴而就。初始投资成本高昂就是一大挑战，因为购买设备、定制软件、系统整合和落地安装等步骤都可能消耗大量费用。此外，后期的维护保养、技术更新换代和持续的技术培训也将带来不可避免的成本累积。同时，工业机器人可能并适用于所有的企业和生产环节。举一个简单的例子：有些中小工厂，职员和企业主关系匪浅，用自动化设备取代他们并非只是一个单纯的设备引入问题。何况在某些特定场景下，人工操作凭借灵活应变和创新思维的优势，也能展现出比工业机器人更高的效能。因此，企业需要秉持实事求是的原则，因地制宜地看待工业机器人。由此可以看出，工业机器人行业必须不断提升产品的易用性和灵活性，尽可能让它们具备“个性化能力”，企业则要具备快速理解和响应市场需求的能力，这样才有助于让更多的行业和企业最大化利用这一装备。

2. 服务机器人：机器人家族的后起之秀

如果说工业机器人是服务于生产制造领域的“幕后英雄”，那么服务机器人就是更贴近人类日常生活的“智能使者”，它们与人类的生活空间和日常活动联系得更为紧密。

总体来说，服务机器人是针对非制造业环境（此处的制造业是一个相对宽泛的指称）而设计研发的智能装备，其核心作用在于协助人类甚至替代人类完成各种服务性工作。值得指出的是，这些工作绝不仅限于体力劳动，也包括知识处理与传递、多模态交互，以及协助人类做出决策等多样化任务。服务机器人涉足的应用场景广泛且多元，尽管它们中的一些成员还远谈不上成熟，甚至有些细分赛道的服务机器人仍在经历试错和被淘汰，但服务机器人整体的商业化落地趋势已在路上。

通过集成先进的传感器技术、自主导航系统、AI 算法和人性化交互界面，服务机器人在工作时长、个性化服务能力等方面仍在不断提升。随着技术的提升和产品的持续改进，服务机器人正在以前所未有的速度融入人类生产生活的各个领域。

从应用场景来看，服务机器人可分类如下。

1）专业领域的服务机器人

（1）医疗服务机器人。

手术机器人（一些观点将其视为特种机器人）、康复机器人和护理机器人，它们分别被用于协助医生进行精密手术、帮助患者恢复身体机能，以及提供日常护理等服务。为人按摩的机器人如图2-3所示。

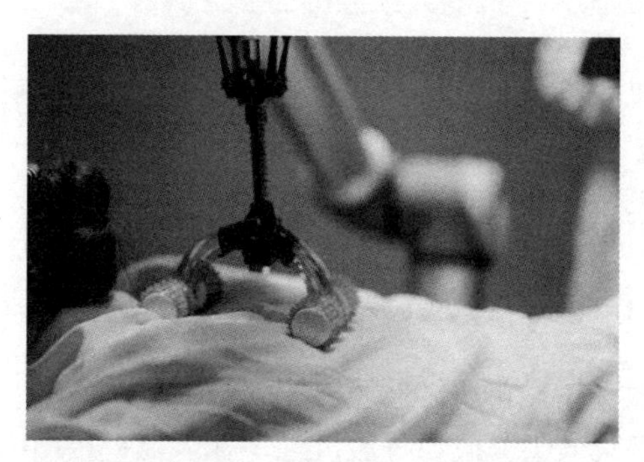

图 2-3 为人按摩的机器人

（2）餐饮服务机器人。

目前，餐饮服务机器人最常见的细分类别是迎宾接待类和送餐服务类。一些送餐机器人兼具了与人交互的功能。这些机器人通常先是站在餐厅门口招揽和迎接顾客，再通过语音交流引导顾客找到座位。顾客在点餐后（有些机器人有点餐功能），它们会把食物和饮料从后厨送至餐桌。在送餐过程中，机器人依靠避障技术穿梭于餐厅中。

使用餐饮服务机器人有利于降低餐饮业的人力成本，韩国不少餐厅对引入这类机器人十分热衷。在营业高峰期，机器人可以持续作业而无须休息，更不需要加班费……对顾客来说，与机器人互动增加了就餐的乐趣，有助于提升餐厅的品牌形象。

此外，有的厂家生产了烹饪机器人，能够替代厨师烹饪菜肴。

（3）物流配送机器人。

无人快递车和递送类机器人能够自主导航，完成包裹等物品的运输和投递任务。停靠在建筑物旁的递送机器人如图 2-4 所示。目前，在我国一些城市的街头、商务楼、快递网点等处，已经可以看到它们的身影。

图 2-4 停靠在建筑物旁的递送机器人

在校园、办公区、社区等封闭或半封闭环境中，以及部分街道上，这些机器人能够按照预设路线或动态规划的路径，将快递包裹送到指定地点（目前通常是快递网点）。它们通常配备有 GPS、视觉识别和无线通信模块，能够与后台系统进行实时通信，确保配送过程的安全性、准确性和及时性。

有的递送类机器人在医院里负责跨楼层运输药品和各类医疗用品，在办公楼和酒店里给各办公室和住店客人送东西等。

（4）商用清洁机器人。

商用清洁机器人一般应用于商场、酒店、医院、写字楼、学校、机场等公共场所，以地面清洁为主，具体来说，包括地面清洗、吸尘、拖地、擦干、消毒等。商业清洁机器人一般具备环境感知、障碍物检测和路径规划能力，以确保在公共空间能较为安全地作业。它们一般还支持远程监控管理，方便人类员工管理、监督、分析其工作情况。

目前，商用清洁机器人的运动速度约为0.6米/秒~1米/秒，该速度的设定充分考虑了设备自身的安全需求和外部环境的安全需求。在速度相近的情况下，清洁效率的决定性因素是单次清洗地面宽度（非机身宽度）。举例来说，如果某商业清洁机器人的行进速度为1米/秒、单次清洗地面宽度为0.6米，那么其清洁面积＝速度×时间×单次清洗地面宽度，代入数值可计算得出每小时的清洁面积为1米/秒×60秒×60分钟×0.6米=2160平方米/时。此外，任何机器人的实际清洁效率都不可能超过该产品的设计清洁效率。

2）个人或家庭服务机器人

（1）家用清洁机器人。

家用清洁机器人包括扫地机器人、擦窗机器人、空气净化机器人和割草机器人等。这类机器人是服务机器人中最为老百姓所熟知的类别。

（2）家庭助理机器人。

从宽泛意义上讲，家庭助理机器人包括智能家居控制中心、语音助手等，它们能执行多项任务，如回答问题、播放音乐和控制家电。

（3）教育陪伴机器人。

教育陪伴机器人尤指针对儿童开发的教育机器人，具备早教、讲故事和游戏互动等功能。

（4）老人陪护机器人。

老人陪护机器人旨在为老年人提供日常生活照料、健康监测、紧急呼叫等一系列功能。

（5）宠物机器人。

宠物机器人可以模仿真实宠物的行为特征，提供陪伴，并具备一定的交互能力。

通常来说，服务机器人主要的技术能力与功能特点如下。

（1）自主导航与避障。

通过集成激光雷达、超声波传感器、摄像头等多种传感器技术，服务机器人可以在室内和室外的不同环境中进行路径规划，并实现自主移动。

（2）智能感知与识别。

通过集成人脸识别、语音识别、物体识别等技术，服务机器人能够理解来自人类的指令和需求。未来，机器人不仅能理解指令，可能还会读懂人类的“言外之意”。

（3）人机交互。

通过应用自然语言处理技术，服务机器人可与人流畅地对谈，并提供咨询服务、解答疑问和协助办理业务等功能。

（4）任务执行与适应性。

服务机器人不仅可以根据指令完成指定任务，还具有一定的自适应能力和场景学习能力。

（5）远程监控与管理。

部分服务机器人能够通过网络实现远程控制和数据传输，这有利于工作人员管理并监控机器人的运行状态及其周边环境。有的朋友一听到“远程控制”或“遥控”就认为这是机器人不够智能的表现，但实际上，这是一种促进人机协作并提升机器人学习能力的有效方式。

可以预见，在未来，随着 AI、物联网、5G 通信和大数据分析等前沿科技的快速发展，服务机器人的智能化程度将不断提升，应用范围也将不断扩大。它们将朝着更加人性化、多功能化的方向发展，并可能发展出更强大的情感计算和社交能力。通过拥有越来越接近人类的特质，它们将提高在日常工作和生活中为人类服务的能力。

3. 特种机器人：不常出现在人们视线中的“英雄”

近年来，全球范围内的各类天灾人祸频频发生，地震、洪水、飓风、恐怖袭击、武装冲突……这些此起彼伏的突发事件给全世界人类的生命财产安全造成了严重威胁。它们不仅破坏力巨大，更因其突发性和不确定性，还给预防、应对和救援工作带来了挑战。在这样的背景下，如何借助先进科技手段来提升危机管理能力，并制定有效应对策略，已成为国际社会共同关注且亟待解决的重要课题。

在此需求的驱动下，特种机器人的研发和应用成为关键突破口之一。特种机器人是一种专为应对特殊环境、执行特殊任务而设计制造的高科技智能装备，能在非标准化场景和极端恶劣的环境中发挥特定作用。根据使用目的的不同，这类机器人的能力特点也各有所长，但往往具备一些共通的功能。例如，它们拥有强大的自主导航能力，以适应复杂地形，集成了多模态感知技术以识别和处理突发情况，采用先进智能算法以实现快速学习和决策。

举例来说，灾难搜救类特种机器人可以在废墟中寻找生命迹象，借助远程操控或自主模式进入人类无法涉足的危险区域，以寻找和救助受困者；反恐排爆特种机器人能运用精密机械臂拆除爆炸装置，保护重要物资和一线人员的安全；侦察和作战类特种机器人可以深入敌后，执行潜伏侦察、精准打击等多种任务，既提高了队伍的战斗力，又降低了人类士兵面临的危险的概率……

特种机器人是人类应对各类危机事件的得力助手，它们不仅能提高人类在面对突发状况时的应变能力，而且在很大程度上推动了应急救援技术的发展，这对我们构建一个更加安全、稳定的社会环境具有重要意义，同时体现了科技向善的精神。

特种机器人的应用领域十分广泛，包括但不限于以下分类。

1）军用特种机器人

排爆机器人：用于探测、识别和处置各类爆炸物。

侦察机器人：通过地面、空中或水下的方式进入敌方区域，收集情报。

后勤机器人：负责执行后勤支援任务，如物资运输和战场清扫。

扫雷机器人：清除地雷和其他未爆弹药。

空中机器人（无人机或 UAV）：负责侦察、监视、袭击和通信中继等任务。

2）民用和非军用特种机器人

搜救机器人：可以在地震、火灾和洪水等灾害现场寻找被困人员并参与救援行动。

水下机器人（ROV 或 AUV）：执行水中探索、海底资源勘查、管道检测维修和沉船打捞等特定水下作业。

农业机器人：执行自动化种植、收割、喷洒农药和摘取果实等任务，以提高农业生产效率。

极端环境作业机器人：在核污染、有毒有害物质处理和宇宙探测等极端场景中辅助人类工作，执行特殊任务。

从技术特点来看，特种机器人具备但不限于以下特征。

（1）自主性。

特种机器人通常具备不同级别的自主导航、避障、决策和行动规划能力。

（2）智能化。

特种机器人通过搭载高级传感器和 AI 算法，具备环境感知、模式识别、目标跟踪和自主学习等能力。

（3）多功能。

特种机器人根据特定任务的需求，通过配备各种工具或模块，可以实现多样化的功能价值。

（4）善通信。

特种机器人通常采用先进的无线通信技术，以保证在艰苦环境中也能可靠、安全地进行远程操控和信息传输。

值得注意的是，特种机器人所处的工作环境复杂多变，需要克服的困难很多。例如，在不同环境中进行定位与导航、对动态障碍物进行识别与应对、管理有限能源且与人类安全友好地协作。但也正因为如此，特种机器人作为机器人家族的重要分支，代表了机器人技术的应用与发展方向。

2.1.2 按控制方式分类

机器人的快速发展与广泛应用得益于多样化的功能设计、创新的形态构造和复杂的控制策略。本节笔者尝试基于不同的控制方式对机器人进行分类。尽管这一分类框架起源于工业机器人的研究背景并主要应用于该领域，但笔者认为，对于刚踏入机器人领域的初学者来说，这种分类方式有助于他们理解各类机器人工作的基本原理。

需要指出的是，由于机器人是一个跨学科且发展快速的领域，不同学者、专家乃至行业从业者对许多相关概念的理解存在差异。例如，在控制方式的界定和划分上，不同的人会给出相近但略有差异的描述。随着机器人技术的进步和应用场景的扩展，这种灵活性和开放性可能还会持续存在。

但基本可以确定的是，不同的控制方式有各自的适用场景和技术特点。通过深入挖掘它们的工作原理，我们可以更好地理解机器人是如何根据不同的作业需求适应环境并完成任务的，也有助于机器人初学者和科技爱好者构建一个全面且深入的机器人知识框架。

1. 示教再现控制型机器人

示教再现控制是最早的机器人控制方式之一，尤其适用于作业重复性高、环境相对稳定的操作场景。一般来说，示教再现控制的基本原理是人类操作员用手动引导或离线编程等方式，教授机器人执行一系列具有代表性的动作序列。这些包含了速度、位置和姿态等信息的动作数据会被记录在机器人控制系统的存储器中，当需要机器人根据预设指令工作时，控制系统便会调用之前记录的动作数据，引导机器人执行动作，类似于电影里的“情景再现”。示教再现控制的优势在于，机器人每次再现的动作都与人类示教过程中的演示动作非常接近，从而便于实现高精度、高效率的自动化生产流程。以汽车制造业为例，技术人员通过手把手教学，引导机器人学习并掌握具体的装配步骤，如安装螺栓、焊接零部件。在完成示教后，机器人根据记忆中的动作流程，在无须人工干预的情况下，不知疲倦且精确无误地重复执行这一任务，极大地提高了生产线的稳定性和运转效率。

但可以预见的是，这类机器人对环境变化的适应性相对较弱，因此它们更适合被部署在结构化程度较高、工作流程较为固定的环境中。这样的部署可以确保机器人的动作再现过程不受外部因素的干扰。

2. 自主控制型机器人

自主控制是一种相对高级且复杂的控制模式，它使得机器人能够根据实时感知的环境信息，以及内部预先编程或通过学习获得的算法，相对独立地做出决策，并执行相应动作。这个过程基本无须人类进行干预或指导，即便有也比较少。这种高度智能化、自主化的优势使得自主控制型机器人能够应对复杂多变的作业场景。

自主控制型机器人的核心在于其对 AI 相关技术的深度集成与恰当使用，其中包括但不限于机器学习、深度学习、传感器融合等。通过对这些技术的融合部署，自主控制型机器人能够实现对周围环境的动态理解、建模和预测，从而具备不同程度的认知能力，如目标识别、路径规划和障碍规避，甚至能够进行策略优化和问题处理。

无人驾驶汽车和无人机是自主控制型机器人的典型代表（有人认为它们不属于机器人行列）。以农业领域的农业无人机为例，它们通常配备先进的导航系统，结合雷达探测技术和高精度摄像头，可以实时获取农田地形、作物分布和天气状况等各类信息。有了足够的信息，农业无人机就能精确地自动规划出最优飞行路线、实施精准农业作业，包括但不限于喷洒农药、播种、施肥等，极大地提高了农业生产效率和资源利用率，降低了人力成本。在乡村上空飞翔的无人机如图 2-5 所示。

图 2-5　在乡村上空飞翔的无人机

3. 远程操作控制型机器人

顾名思义，远程操作控制使得人类可以在远离机器人的地点，通过专门设计的控制器设备或沉浸式的虚拟现实技术，对机器人进行实时远程管理与控制。这一过程背后依赖于先进的数据传输技术——无线网络、光纤通信、卫星通信等，以确保指令信息和反馈数据在短时间内快速交互，从而给人以如临现场般的实时互动效果。

远程操作控制技术尤其适用于那些环境极端的工作场景。例如，在深海探测领域，人类不可能频频亲自进入很深的海水。潜水机器人可以通过海底电缆或无线水声通信系统接收位于地面或船只的指挥中心的操作指令，与人协同完成复杂的深海探测任务。在太空探索方面，宇航员可以借助地球上的控制中心来遥控太空探索机器人执行精细的外星球表面采样、行星勘查等高难度工作……但与之相伴的是，科技的便利也对人类员工提出了更高的要求：想要实现精确的远程作业，操作者必须具备相应的专业技能、丰富的实战经验和优秀的心理素质，以便准确判断局面并迅速响应现场状况。

目前，一个更为人所知的远程机器人操作范例是在医疗健康领域中应用的手术机器人。执行手术的医生坐在配备高分辨率显示器和精密操作装置的操作台上，根据传输来的高清立体影像操控手术机器人进行手术操作。但应当指出的是，手术机器人实际上并没有解放医生，真正意义上的手术执行者其实还是人类医生，这也是一些医疗器械从业者对手术机器人持保留态度的原因之一。

4. 轨迹控制型机器人

轨迹控制是机器人运动控制的一个重要分支，其核心任务是确保机器人的末端执行器能够在三维空间严格遵循预设轨迹进行运动。这种控制方式不仅关注执行器最终要到达的具体目标位置，也关注运动过程中速度、加速度、位置的连续变化及协调性。在实际应用中，轨迹控制技术要求机器人控制系统能够根据事先规划的轨迹参数，通过复杂的算法计算出各关节或驱动器所需的运动指令，以确保机器人无论是直线运动还是曲线“绕弯”，都能准确无误地跟随并追踪预定轨迹。

例如，在精密机械加工领域，CNC（计算机数字控制）机器人就广泛应用了轨迹控制技术。为了确保零件加工的高精度，CNC 机器人必须严格按照设计图纸上的路径进行操作，甚至每一个细微动作都要遵循严格的轨迹要求，从而精确地对零件表面进行切割、打磨等操作。

在 3D 打印领域，轨迹控制同样扮演着至关重要的角色。无论是 FDM（熔融沉积成型）还是 SLA（光固化成型）工艺，打印头都需要借助极其精确的轨迹控制来引导材料逐层沉积。这意味着打印头需要根据预设的三维模型信息，沿着精细而复杂的路径进行移动，以确保每一层材料都能被准确合理地放置在正确位置上，直到构建出与原始设计高度一致的三维实体产品。

因此从某种意义上讲，轨迹控制是衡量机器人及相关配套设备性能和工作效率的一个重要指标。

5. 力 / 触觉控制型机器人

力 / 触觉控制是一种较高级且智能化的控制模式，它赋予机器人对环境及交互过程中力学信息的敏感性和响应能力。具体来说，通过集成先进的力传感器和触觉传感器，机器人能够实时且准确地感知并量化它与外界物体接触时所受的各种力，包括但不限于力的大小、方向、作用点的变化等。在此基础上，力 / 触觉控制型机器人可以进一步解析出与物体接触的细微特征，如表面材质硬度、形状轮廓、温度和湿度。基于这些反馈信号，机器人在执行任务时能够动态调整自身动作策略和力度分配，实现更柔韧、灵活且适应性强的操作方式。这种力 / 触觉控制技术尤其适用于需要在不确定或复杂环境中作业的应用场景，如精密装配、医疗手术、物品抓取和物品搬运。

以精密装配为例，力 / 触觉控制型机器人能够在组装过程中实时监测工具头与工件之间的接触状态和受力变化。一旦察觉到异常阻力或材料形变，力 / 触觉控制型机器人能立即做出反应，准确调整施加的力度、速度和操作角度等参数，确保在装配过程中实现出色的装配效果，尽量避免因不当外力导致工件受损。简单来说，这就像人的手在拿番茄和搬桶装水时，接触对象的方式和感受一定是不同的，相应地，手所做出的调整也会有所不同。

总体来说，根据控制方式的不同，机器人可以被划分成多种类型，每种类型都具有独特的性能特征和适用环境。各种控制方式也各具特色和优势。我们在研究和实际部署机器人时，应当根据具体的业务需求、作业场景和成本预算等因素，选择适宜的机器人类型及其控制策略。机器人控制方式的多样化，实际上反映了机器人技术从自动化向智能化不断演进的发展趋势。

2.1.3 按结构形态分类

本节笔者按照结构形态对机器人进行分类，这不但有助于机器人入门者和爱好者快速而直观地识别和理解各类机器人，而且有助于根据机器人的特点做出初步判断。例如，关节数量多的机器人通常具有较高的灵活性，适合用于需要复杂运动轨迹的场景。相反，如果某工厂的装配线只需要定点作业，那么直角坐标机器人可能更为合适，因为它结构简洁且定位精度高。不同的结构形态决定了机器人的运动范围、灵活性、负载能力和精度等关键性能参数。根据结构形态对机器人进行分类，有助于机器人买家和使用者根据自身情况购买合适的产品类型。对机器人行业来说，明确结构形态的分类有利于制定行业标准和安全规范，确保机器人在设计、生产和使用过程中的安全性与合规性。

总体来说，按照结构形态，机器人可以被分为多种类型。

（1）直角坐标机器人（Cartesian Robot）。

这种机器人以三根相互垂直的直线滑动轴为核心，构成 XYZ 三维空间直角坐标系，使机器人的末端执行器能够在指定的空间范围内进行精确定位和运动。直角坐标机器人的结构清晰、简洁，很适合用在装配、检测、焊接等需要精细作业的场景。

（2）关节机器人（Articulated Robot 或 Servo Robot）。

关节机器人的肢体能够灵活弯曲，是因为它们由多个连杆和旋转关节构成。关节机器人的关节处配有伺服电机，以实现高精度的运动控制。关节机器人的灵活性和适应性较强，能够执行复杂的三维空间运动，被广泛应用于搬运、码垛和精准涂胶等任务。

（3）龙门机器人（Gantry Robot）。

龙门机器人通常指具有龙门式结构的机器人，这种结构主要由两个垂直导轨和一个水平横梁构成，横梁上一般会安装移动平台和末端执行器。末端执行器可以在较大的三维空间内进行直线或旋转运动，具有较大的作业范围和负载能力。龙门机器人被普遍应用于大规模焊接、切割、大面积喷涂等场景。

（4）SCARA 机器人（Selective Compliance Assembly Robot Arm）。

SCARA 机器人是一种平面关节型机器人，由两个旋转关节和一个垂直平移关节构成。它们结构紧凑、动作敏捷、定位精度高、运行速度快。SCARA 机器人适合在小空间内执行高效且精准的装配、焊接、高速检测等任务。

（5）并联机器人（Parallel Robot）。

并联机器人的一个显著特点是，其末端执行器的位置和姿态变化由多个并行连接的驱动器同步联动实现，这使得它们具有良好的刚度和精度。并联机器人被广泛应用于精密加工、高精度测量，以及严苛环境下的测试等任务。

（6）物流机器人。

物流机器人涵盖了一系列自动化物流解决方案，如AGV（Automated Guided Vehicle）机器人、无人叉车和无人仓储机器人。这些机器人集成了先进的自主导航技术，能够对物资进行搬运、堆放、拣选等，极大地提升了物流的运转效率，减少了人力成本，推动了仓库和工厂物流的智能化与无人化水平。

（7）协作机器人（Collaborative Robot，Cobot）。

协作机器人比较强调人机协同作业，具有严格且高等级的安全防护机制，能够与人类员工在同一工作空间内同时作业，且易于编程、灵活度高。

依照结构形态分类的机器人种类繁多，归类方式也可因人而异，每种类型的机器人都有其独特的结构与适用领域。但在实际应用中，不同类型的机器人可能在同一时空、不同位置上一同工作，完成共同的目标。因此我们需要充分考虑工作任务的具体需求、环境条件、安全等级和经济效益等因素，选取最为适宜的机器人类型。

2.2 机器人的基本构成

本节笔者会基于朴素的逻辑和科普的意图，试对机器人核心系统的分类进行一些理想化探索，并对一些相关事项加以说明。这些探索和说明从笔者认识的几位年轻投资人的疑惑谈起。他们进入投资领域的时间不长，而且刚开始关注机器人赛道。以下是这些朋友对其亲身经历的部分表述。

“我们分别请教了几位工业机器人领域的友人：工业机器人由哪几部分系统构成？他们的答案差不多……

我们第二天去请教一位在学校里教授机器人相关课程的老师：工业机器人由哪几部分系统构成？她的回答和工业机器人从业者有点儿不同，但有相似之处……

我们又跑去问服务机器人公司的一位产品经理朋友：机器人到底由哪几部分系统构成？他从服务机器人的角度回答得很专业，但没提工业机器人和特种机器人的情况……”

“……我们最后问了一位学过机器人学的学生朋友：工业机器人和服务机器人的核心系统相同吗？他说不太相同,具体讲不清楚，不过可以谈些看法。看得出机器人学的知识他学得很好，我们很佩服。”

这几位年轻投资人的疑惑在于，这些人都身处机器人圈子，只是从事或研究的细分赛道不同，但他们之间似乎存在着一些说不清道不明的隔阂，仿佛大家不是一个行业的。这是为什么？到底应该怎样理解机器人的核心系统？

其实，被走访的这些人的观点没有对错之分，就像一家公司里不同岗位的员工往往不清楚彼此在干什么。无论是从产业分工还是个人兴趣的角度，都没必要要求细分领域的从业者了解整个大行业的所有具体情况。但是，就“机器人核心系统”这一话题来说，笔者认为有必要做一些梳理和澄清。

这里的底层逻辑是，机器人是面向未来的前沿智能制造高地，无论是其自身的产业链发展还是其能力覆盖的千行百业，都将对人类的政治经济格局产生巨大影响。对中国来说，机器人赛道涵盖了“卡脖子”技术痛点和能左右国力的生产力潜能，是必须加以重视的科技领域。而对机器人核心系统内涵进行锚定，关乎民众们如何看待机器人，包括机器人的哪些能力是主要的，哪些能力是次要的，机器人对老百姓的价值是什么，等等。换言之，对机器人核心系统的思考，有助于我们站在一个相对宏观的视角考量机器人的发展方向，并帮助普通人探索如何从这个领域获益。

目前对机器人核心系统的划分方式有许多种。例如，对于工业机器人，有分成三大系统的，也有分成四大系统的，还有分成六大系统的。对于服务机器人和特种机器人，认知就更加含糊和混乱了，很难用机器人这个统一概念阐述。当然也应当看到，还是有很多显而易见的基础共识。例如，机器人必须有感知外界的能力，必须能根据环境和作业需求采取行动。

难以形成统一认知的原因有多个，如不同类型的机器人之间的差别较大，这在客观上给统一构建概念增加了难度；长期以来，工业机器人几乎被视为机器人的代表，而其他类型的机器人则相对被忽视，等等。

笔者认为，在面向未来机器人发展的视角下，机器人核心系统应包括三大部分：感知系统、中枢系统和运动系统。

- 感知系统：使机器人能够感知自身状态及周围环境。
- 中枢系统：根据内外部环境信息，为机器人提供决策支持。

- 运动系统：执行中枢系统的决策，驱动机器人执行相应的动作。

这种分类模式清晰简洁地概括了机器人核心系统的构成。技术研究可以艰深，但对其内涵的解读应当通俗易懂，即让普通人易于理解。

三大系统与机器人本体结合后，推动了人机协同向更强的方向发展。感知系统为机器人探测一切内外部环境动态，其要点在于准确地感知和快速地反馈。中枢系统的概念“取代”了通常所说的控制系统，因为笔者认为“中枢”比“控制”更具有前瞻性，二者的关联与区别会在后面具体讲述。运动系统指机器人本身的移动和本体部件的动作，它直接反映了机器人是否顺利完成了任务——人们无法一眼看出机器人的感知和决策过程，但其运动结果是显而易见的。

从历史的角度看，人类从事产品和工具制造可分为几个不同的层次：人利用木头、石头等自然器物制造工具；人借用畜力提高劳动效率；人发明机械提升生产力水平；人探索人造智能体直面未知的未来……但无论是在哪个层次，都存在“人”与“物”之间的磨合问题，尤其是人与机器人，毕竟后者不仅是执行人意图的工具，也是人的工作伙伴和生活助手。这就要求在同一三维自然时空中，人与机器人要在安全的前提下强强联合。这里的难点不仅在于机器人能否与人无缝配合完成任务，也在于人的意识能否和机器人的特性及发展阶段统一起来。例如，五个人和三台人形机器人一起搬货，按照人的习惯，不会总是担心旁边会出现障碍物。但如果机器人有哪个技术环节出了差错，可能就会无征兆地朝人走去，造成意外碰撞。2023 年，韩国的一台工业机器人造成工人身亡，大致属于此类问题。

这是非常严肃的话题，因此请允许笔者再重复一次：难点不仅在于机器人能否与人无缝配合完成任务，也在于人的意识能否和机器人的特性及发展阶段统一起来。我们要明白，人和机器人的协作，在短期内与人和人的协作是迥然不同的。这种认知的建立是另外一个巨大的体系工程。但无论如何，随着机器人能力和安全性的提升，人和机器人的合作终归会越来越容易。

2.2.1 感知系统：与人类共拓寰宇

人做出大大小小的判断、决策和有效行动的重要基础，是感知和了解自身及周围的环境。

例如，下雨时很多人会把伞举过头顶，是因为发现了环境从“不下雨”转换成了“下雨”，如果不打伞就会被淋湿。很多人不想被淋湿，手里又有伞，于是撑开伞来应对环境的变化。当然，也有人下雨天不打伞，要么是因为当地的某种集体习惯（如很多英国人常常在雨天不打伞），要么是源于某种内心状态（如有人认为淋雨很浪漫）。但无论如何抉择，人类都是基于对内外部环境的判断来做出行动的。

再如，在某小学元旦活动上，要表演舞蹈的六年级二班的小凡突然觉得肚子疼，可马上就要上台了。小凡灵机一动，临场改变了节目内容，顺势表演了一个装肚子疼的段落，压缩了节目时长，逗得大家哈哈大笑，效果很好。在表演结束后，她赶快去了卫生间。这就是人类基于内外部环境感知快速做出决策的一个例子。

这样的事其实每天都在发生，多到我们早就习以为常，不认为这是什么了不得的事。因为人类的感知系统运行得极为流畅，与人类的其他能力体系配合得天衣无缝，甚至可以说是一种本能。但这并不意味着人类的感知系统是无懈可击的。例如，我们会被蚊子咬，是因为蚊子在吸血时我们常常无法察觉到，因此难以做出应对之举。如果能及时发现蚊子的动态，就可以立刻制止它们。

与人类相似，机器人在采取行动前需要感知其所处的环境。当然，那些完全依赖于人类设定的程序来行动的机器人是个例外。但即便最简单的程序控制机器人，也可能具备一些基本的感知能力，如进行碰撞检测和监测电源状态。

粗略地说，机器人的感知系统好似人的五官和神经系统，可以将机器人的内外部状态信息和环境信息快速转化成机器人自身或机器人之间可以理解和应用的数据、信息、知识。感知系统包括各类传感器、信号调理电路、模数转换器和处理器等硬件，以及传感器识别、校准、信息融合和传感数据库等软件。其中最核心也最受关注的是各类传感器。

内部环境感知系统由一系列传感器构成，用于实时监测机器人本体状态，包括运动部件的位置、速度、加速度、压力和轨迹等信息，以及各部件的受力、平衡和温度等状态。外部环境感知系统通过一系列外部传感器（包括视觉、听觉、触觉、红外、超声和激光等）收集和处理传感信息，以实现有效的控制与操作。

内部环境感知系统和外部环境感知系统融合在一起，就构成了完整的机器人智能感知系统。这一体系运转的基础是传感器的应用。每种传感器都在特定的使用条件下和感知范围内运作，反馈环境或对象的相关信息。让我们来打一个或许不那么恰当的比方：你被关在一个昏暗的房间里，眼睛被蒙上了。突然，你闻到了一股香味，你并不确定这香味究竟来自什么。你猜这是一种来自西亚的面条。此时，一个声音从房间角落的监视系统中传来，让你伸手去触摸那个物体，你颤颤巍巍地触碰了一下，心头起了疑惑，因为它摸起来不完全像面条，但一条条纹路又让你觉得有点儿像。这时，声音再次响起，让你摘下眼罩。你终于能使用视力了，你发现眼前的物体是一个带凹凸线条的面包，而不是面条。

这大体上就是人类在综合不同“传感器”反馈的信息后，进行处理并得出判断的过程。显然，多种信息的融合有助于我们做出更精准的判断。机器人也与之类似，各个传感器在获取信息后，机器人通过传感器融合作业等方式对信息进行处理，在得出尽可能准确的判断后指导自己的下一步动作。这种对不同信息的综合处理过程即传感器融合，涉及神经网络、知识工程和模糊理论等方法。

在人机协同趋势愈发强烈的当下，人与机器人在共同执行任务时实际上构成了一套智能系统，而它们各自的感知系统也通过精密的分工配合，构成了一个新的感知体系。同时，随着机器人能力的提高和应用场景的复杂化，一个个感知体系也将不断应对更复杂的工作环境。因此，未来对机器人感知系统的认识，不能仅停留在它是机器人组成部分的层面上，而要更多地思考它如何改变了环境，以及考虑它是如何与人类合作的。

在后续章节中，笔者将专门讨论机器人传感器。它们不仅是机器人探知信息的工具，也是机器人在“感知 + 认知”闭环中形成反馈的桥梁。

2.2.2 中枢系统：以人类心智为纲

本书所指的机器人中枢系统，其全称为中枢神经系统（Central Nervous System），大体上等同于人们通常所说的控制系统（Control System），但前者的概念范围包含了后者。为何要如此界定呢？“中枢”与“控制”的区别何在？

首先，让我们回顾一下人们对控制系统的认知。

一般来说，在谈及机器人控制系统时，人们总是在讨论工业机器人的控制系统。这在服务机器人、特种机器人等机器人类别尚未充分发展的年代不足为奇，但在机器人种类“百花齐放”的今天，稍微扩充一下思路就很有必要了。

机器人控制系统就像机器人的大脑，为使机器人达到并尽可能稳定于特定理想状态而存在，是决定机器人功能的主导力量。机器人的控制技术由传统机械系统和自动机械的控制技术发展而来，两者并无根本区别，但传统机械和自动机械以完成自身动作为主要目标，而机器人更关注本体与操作对象之间的交互关系。

为了深入理解机器人的应用领域，笔者以最常见的工业机器人和服务机器人为例，进行更详细的介绍。

工业机器人的控制系统涵盖了多个组成部分，不仅包括控制计算机、示教盒、操作面板和磁盘存储设备，还包括数字和模拟量输入/输出端口、打印机接口、视觉系统接口、声音接口、图像接口、通信接口和网络接口等。如果工业机器人不具备信息反馈特征，则为开环控制系统，反之就是闭环控制系统。根据控制方式，机器人可分为点位型和轨迹型两种。前者使执行机构能够实现从一点到另一点的精确定位，适用于电焊、上下料、简单搬运等任务；后者使执行机构能够按照设定的轨迹运动,适用于连续焊接和涂装等任务。

对于服务机器人来说，对控制系统相关概念的认知没有那么统一。例如，一种观点认为，在高性能嵌入式处理器上运行的操作系统，就是服务机器人的控制系统（将在第 3 章中对操作系统进行介绍和分析），因为其承担了服务机器人的运算和控制。一般认为，主流的三大机器人操作系统是 Ubuntu、Android 和 ROS。其中，Android 软件平台最为知名，而 ROS 是专用的机器人软件平台。还有观点指出，服务机器人的控制系统由主控机 PC 和主控机 MCU 构成。更宽泛的说法则是把服务机器人的定位、感知、导航、路径规划和运动控制等功能全部纳入控制系统的范畴。其实，这些不统一恰好体现了服务机器人乃至整个机器人领域的快速发展——由于技术和产品的不断更迭，以及跨学科创新的出现，许多理论、概念存在不断变化和难以界定的现象，新的认知也可能随时涌现。

笔者认为，在面向未来的机器人相关讨论中，“控制系统”一词已不足以清晰地表达其内涵。在人机协同、机器人集群作业、跨类别科技融合运行的环境中，机器人对感知系统给予的信息进行处理、生成控制命令、实现相应动作这一流程，其意义不再像过去那样仅仅是让机器人实现按需运转，而更在于机器人的判断和行动会构成与其协作或受其行为影响的人类所处环境的一部分。人类需要把机器人的行为及周遭环境信息视作整体来加以判断、处理，而不能仅仅把机器人当作被人使用的工具——机器人是人的能力和身体的延伸，“人 + 机”依据环境做出决策和行动，同时改变着环境，人、机、环境构成了一个完整且紧密的有机体。在这个过程中，机器人的“思考”广度和深度也都在提升。这个过程无限类似于人类决策的模式，相较于“控制”，“中枢”的概念或许更有助于人们全面地展开相关研究。

人类的中枢神经系统由脑和脊髓组成，是人体神经系统核心部分。中枢神经系统接收全身各处传导来的信息，而后进行传递、存储和加工，产生思维、情感等心理活动，并支配、控制人的行为。我们有理由相信，未来机器人的控制系统也应当具备类似的功能。当然，这并不意味着所有机器人都必须如此“聪慧”，对于那些执行特定细分任务的机器人，传统控制系统的功能已经足够。

2.2.3 运动系统：为人类踏遍荆棘

本书关于机器人运动系统的表述，包含两个层面的内涵：一是机器人从一个地点移动到另一个地点，类似于人类的走路或跑步；二是机器人为完成特定任务而做的动作,包括弯腰搬箱子或踢球等。二者共同构成了完整的机器人运动系统。对于不同的机器人，所需要的运动模式是不同的。例如，传统的工业机器人无须移动位置，其“底座”是固定的，发生“运动”的是工作中的机械臂。对于没有手臂的送餐机器人来说，运动意味着前进、后退、转弯、爬坡、急停、进电梯和出电梯。而对于人形机器人来说，这两种运动都很重要，就像人一样，它们既要走来走去，也要移动手臂进行劳作。

1. 第一个层面的“运动”

机器人从一个地点移动到另一个地点的方式有很多种，目前常见的如下。

1）轮式

轮式机器人就是通过驱动轮子来“行走”的机器人，根据其内部结构的不同，又可细分为差动式、舵轮式和四轮驱动式等类别。轮式的优点是结构简单、转向灵活、成本较低、易于更换。对于想要亲自尝试制造可移动简易机器人的朋友，轮式是一个不错的选择。在日常生活中常见的送餐机器人、清洁机器人等大多采用轮式。

不过显而易见的是，轮式机器人适合在较为平坦整洁的地面上移动，当出现气候恶劣、路面坑洼、坡度较高或地形复杂的状况时，它们的表现就会受到影响。就像汽车轮胎会陷入泥地动弹不得或在坑洼路面颠簸那样。

2）履带式

履带式机器人由驱动轮、导向轮、拖带轮、履带板和履带架等构成，其外表与坦克履带类似。由于履带与地面的接触面积大、接地比压小、滚动摩擦小，使得机器人可以适应较为复杂的路面，很多巡检类机器人和消防机器人都采用履带式。不过，履带式机器人通常会比轮式机器人消耗更多的能量且运动速度较慢。

履带式运动系统按其结构可分为固定形状和可变构型两种。前者的缺点是转向困难、功耗高，后者则改善了这两点。履带式机器人的转向能力和履带长宽比有关，一般越接近方形越容易转向，而可变构型履带可以通过改变履带长度来提升转向能力。至于长宽比的设定，则要考虑很多因素，如机器人的功能、尺寸和机身稳定性。

3）足式

机器狗、机器蜘蛛和人形机器人都可算是足式机器人。常见的足式机器人有双足、四足、六足等。从理论上说，这类机器人的机动性和适应性更加出色，几乎可以在任何环境下移动：由于腿能够伸展，所以在攀爬陡坡、越过不规则障碍物时，足式机器人理论上会比轮式和履带式机器人表现更佳，它们能够在复杂和恶劣的环境中执行高难度任务和危险任务。它们的劣势在于容易因重心不稳摔倒、移动速度不易保证和控制难度高等。

4）跳跃式

跳跃式机器人的优点是能够凭借跳跃应对复杂地形，但这也意味着其需要克服自身重力的影响，重量不能太大。此外，腾空和触地阶段的动力学方程比较复杂，平衡难以控制。如果跳起后摔倒，能否不被摔坏且立刻恢复常态，也是一个考验。

5）轨道式

轨道式机器人基本被限制在特定区域和路线上运动，适用于特定场景和特定任务需求。

此外，还有其他类型的运动模式，如把轮式和足式结合，旨在综合两种运动方式的优点。

2. 第二个层面的“运动”

第二个层面的“运动”主要包含以下几类（本书意在以通俗易懂的语言概述在生产生活中常见的机器人的运动方式。根据不同的讨论视角和思考逻辑，还可以有其他的分类方式和论述方法）。

1）平移运动

这是机器人最常见的运动方式之一，通俗地讲就是人形机器人的手臂或机械臂等在直线方向上移动。例如，在工业场景中，一些机械臂会根据任务需要，在生产线的两个点之间进行平移运动。这种运动方式可通过编程算法和导航系统实现。

2）旋转运动

旋转运动指机器人基于一个固定点位进行旋转，以便触达周围的多个目标。这也是很多工业机器人常用的运动方式之一。

3）复合运动

这是平移运动和旋转运动的组合，机器人既可以沿着一个路径进行直线移动，也可以在一个平面或球面上进行旋转。这种运动方式使得机器人可以灵活地在不同的目标位置作业。

4）关节式运动

关节式运动指人形机器人的手臂或机械臂的关节部分可以沿着人体或机器人的轴线旋转，从而在不同目标位置进行操作。这种运动方式在机器人领域极为常见。

5）螺旋式运动

螺旋式运动指手臂在关节部位做屈伸动作，同时伴随着手腕的旋转。

6）滑动式运动

滑动式运动通常用于微调或力求实现精确地对准操作。

7）互联运动

这是多个机器人协同工作的一种模式。在互联运动中，各机器人通过配合来完成特定操作。互联运动适用于复杂任务场景，如多个机械臂协同搬运货物。

2.3 机器人的核心技术

2.3.1 感知与认知：潜力无限的金矿

1. 传感器技术：感知世界的“兵团作战”

机器人的感知系统，主要（但不限于）由多种传感器组成。以当前的技术水平，没有传感器就无法赋予机器人感知能力。传感器能以一定精度测量物体的物理变化或化学变化，并将这些变化转变成与之有对应关系、易于精确测量和处理的某种电信号（如电压、电流）。传感器通常由敏感元件、转换元件、转换电路和辅助电源四部分组成。按输入的状态，传感器的输入可分成静态量与动态量。根据各个值在稳定状态下输入量和输出量的关系，可获取传感器的静态特性。静态特性的主要指标包括灵敏度和准确度等。动态特性则描述了系统对输入量随着时间变化的响应。动态特性通常用传递函数等自动控制模型来描述。

传感器可分为内部和外部两种。内部传感器用于监测机器人自身的状态，而外部传感器用于感知外部环境。本节笔者根据这一分类方式，探讨传感器对于机器人，特别是未来机器人的价值。

1）内部传感器

内部传感器按实际功能分类，可分为位置传感器、压力传感器和力矩传感器等。它们如同忠诚的管家，细心感知机器人的状态，并协助调节机器人的行为。

（1）位置传感器。

位置传感器不是测量一段距离的变化，而是检测机器人是否已到达某一位置，目的是帮助机器人实现更精确地定位和导航。位置传感器主要有接触式和接近式两种。接触式传感器的触点通过两个物体接触和挤压而移动，如行程开关和二维矩阵位置传感器；接近式传感器则是指当物体接近设定距离时可以发出“动作”信号，不需要与物体直接接触。

（2）压力传感器。

压力传感器能够感受压力信号，并将这些信号转换成电信号输出。压力传感器在工业领域的应用极为广泛，其身影遍布石化、船舶、交通、电力、智能建筑和航空航天等领域，如检测汽车轮胎压力、测量飞机高度、监测矿山压力和参与模具注塑。

在机器人技术领域，压力传感器的应用同样至关重要。以某些机械臂为例，它们经常需要抓取和搬运物体，其中有些可能是易碎或易破损的。机械臂的气动执行器将压缩空气的能量转化为运动。想要对目标物体施加适当的力则必须精确控制供应给执行器的压缩空气量。这往往是通过测量抽空区域内的真空压力来实现的。此外，机械臂在抓握物体的过程中，压力传感器能持续监测真空压力，确保维持一个恒定的力水平。

（3）力矩传感器。

力矩是什么呢？力矩是力在物体上施加旋转效果的一种表现，通常以牛顿·米（N·m）为单位。力矩传感器是用于测量物体所受力矩的传感器，它可以掌握物体在不同轴线上的扭矩，并将相关数据转化为电信号，以便记录、监测和控制。

不同的机器人对力矩传感器的应用稍有不同。例如，当机器人进行装配作业时，力矩传感器可以高灵敏度地给机器人施加力或力矩，使其做出适当的反应。在装配过程中，力矩传感器通过检测机器人末端所受的接触力，帮助其规避由于精度不高而导致的工件受损等情况。例如，在人形机器人身上，力矩传感器在各个关节中实时感知力和力矩的信息，以便为人形机器人的整体控制提供与力相关的信息。可以说，机器人抓握稳不稳、走得好不好、干活流畅与否，都与力矩传感器的表现息息相关。

在一些关于机器人的资料中，压力传感器和力矩传感器被混为一谈，或是被模糊地论述。这给机器人初学者和科技爱好者带来了困惑。本书基于机器人发展和科普视角，对这两者进行了以下区分，仅供参考。

虽然它们都是用来感知和检测机器人与周围环境、物体间的交互情况的，但所提供的信息不同。压力传感器主要提供接触表面的压力信息，而力矩传感器主要提供机器人的力度和扭矩信息。例如，当机械臂进行抓取操作时，压力传感器可以感知物体的重量和形状，而力矩传感器可以监测机器人的抓取力度和位置，以确保机器人能够准确地抓住目标物体。

在理想状态下，压力传感器和力矩传感器在机器人应用中紧密协作，同时使用二者可以提供更全面且准确的环境信息，从而帮助机器人更有效地适应不同的场景。

（4）速度传感器。

速度传感器主要用于检测机器人的运动速度，如测量平移运动和旋转运动的速度。

（5）加速度传感器。

加速度传感器主要用于检测机器人的加速度。

（6）角度传感器。

角度传感器主要用于检测机器人的关节角度。

2）外部传感器

外部传感器可以大致分为接近传感器、视觉传感器、滑觉传感器和热觉传感器等。

（1）接近传感器。

这类传感器可以检测机器人与目标物体之间的距离，如超声波传感器、红外传感器和激光雷达。一般来说，接近传感器越靠近对象物体，测量结果就越精准。根据材质和制作工艺，接近传感器又可分为电容式、电磁感应式、气压式和超声波式等。

（2）视觉传感器。

视觉传感器通过光学元件和成像装置获取周围环境的图像信

息，如摄像头、双目摄像头和深度相机。视觉传感器的精度与图像分辨率和被检测物体的检测距离有关。图像分辨率是衡量其性能的关键指标，检测距离越近，其绝对位置精度越高。

（3）滑觉传感器。

滑觉传感器可以检测机器人与地面之间的摩擦力，如滑觉编码器。

（4）热觉传感器。

热觉传感器可以检测机器人的温度变化，如热电偶和热敏电阻。

2. 机器人视觉：一个常被混淆的概念

对机器人来说，视觉绝不仅仅是一个仿生学概念，更是让机器人得以理解环境、实现自主行动的关键一环。本节将探讨这个看似熟悉却又时常被混淆的概念——机器人视觉。

或许，我们可以把机器人视觉形象地类比为赋予机器人像生物那样观察与理解环境的能力。一般来说，这种能力的构建依赖于一套精密而复杂的系统，包括先进的硬件、软件及算法的深度融合。

1）硬件

在硬件层面，机器人配备了各类传感器，机器人可以通过传感器以数字化方式获取连续的光信号，并将这些光信号转化为可处理的图像数据流。需要指出的是，现在市面上既有用于获取二维平面图像的传统相机，也有利用结构光、激光雷达等技术实现三维立体成像的深度相机。它们让机器人能够全方位、多角度地“看”到周围环境。

2）软件及算法

在软件及算法层面，图像处理技术和深度学习算法发挥着重要作用。

具体来说，图像处理技术涵盖了一系列具体方法。例如，图像增强能够提高原始图像质量，边缘检测和形状分析可以识别物体轮廓，颜色和纹理分析可用于区分不同物体的特征。深度学习，特别是卷积神经网络（CNN），通过分析大量训练样本进行学习和模式识别，极大地提升了机器人对复杂场景的理解与适应能力。这使得机器人能够准确识别和分类各类物体，甚至推断出潜在的行为意图和环境状态。未来，随着科技的进步，或许会出现更简洁、有效的技术以达到这些效果。

因此，机器人视觉不是单纯地复制人类的“视觉过程”，而是整合了物理感知、数字信号处理和 AI 等多领域的综合技术，以达到让机器人具备从环境中获取、解析和理解视觉信息、做出合理决策与行动，进而实现智能化和自主化运作的能力。

下面，通过一些案例来说明机器人视觉的应用与挑战。这些案例涵盖了无人驾驶汽车、工业自动化流水线和医疗辅助等场景。

3）实战中的机器人视觉

在无人驾驶领域，自动驾驶车辆可通过配备多目摄像头和其他传感器实时捕捉道路环境的高清图像，运用深度学习算法识别行人、车辆、交通标志和各类障碍物。当车辆行驶在复杂多变的路况时，机器人视觉系统必须迅速适应光照条件变化，帮助汽车始终准确地识别道路状况。

在工业自动化领域，机器人视觉在产线上能够承担零件定位、瑕疵检测和装配引导等工作。例如，在电子产品组装过程中，机器人（理想情况下）可通过视觉系统精确了解细小电子元件的位置和状态，确保安全无误地完成抓取和安装任务。

当然，在实际生产过程中可能遇到很多问题，例如，产品表面会反光、零件颜色和材质有差异、工件位置随机性大，这些都对视觉系统的稳定性和可靠性提出了非常高的要求。在医疗辅助应用领域，如在精密外科手术中，医生可以借助带有视觉系统的机器人进行微创手术，通过实时图像反馈实现精确操作。在手术室这样的环境中，光源的不均匀分布、血迹污染造成的视觉干扰、人体器官的移动等不确定因素，都可能给视觉系统的稳定运行带来挑战。

4）对机器人视觉的未来，大胆研判

接下来，笔者探究机器人视觉目前的发展和未来可能出现的趋势，希望它不仅能延续现有的价值，还能开拓出全新的可能性和价值点。

很多人相信，高精度定位将是机器人视觉领域的重大突破点。随着技术的不断升级，机器人将能通过视觉系统实现越来越精细的空间定位，利好精密制造和无人配送等赛道。三维重建与同步定位与地图构建（Simultaneous Localization and Mapping，SLAM）技术的结合，使机器人得以实时构建并更新环境地图，即便在复杂的未知环境中也能进行精确定位与导航。

此外，实时响应能力是机器人视觉系统高效运作的基础，随着计算能力的不断提升和算法的持续优化，机器人将能在瞬间完成图像采集、处理、分析和决策（几乎就像人类一样），显著减少延迟，从而更好地适应高速生产和应急响应等需求。

多模态融合感知是机器人视觉的重要方向：视觉系统不是孤立工作的，它与听觉、触觉、嗅觉等多种传感方式相结合，可以形成全方位、多元化的感知体系。通过融合多种传感器数据，机器人在理解和解释环境方面将达到前所未有的水平。无论是智能家居中的情境感知，还是危险环境中的远程控制，都将因多模态感知能力的提升而变得更加流畅和高效。

机器人视觉在推动人机交互和增强现实领域的价值不可忽视——随着自然用户界面（NUI）的发展，视觉系统能助力机器人更好地理解人类的表情、手势乃至细微的情绪变化，实现自然流畅的人机交互。至于增强现实，机器人视觉有望成为实现虚实融合、精准叠加信息的关键技术，为教育、娱乐和医疗等多个行业带来沉浸式体验和高效率的服务。

说到人机交互和增强现实，另一个强相关的话题呼之欲出——自然语言处理。

3. 自然语言处理：具身智能的外在表征

本节探索自然语言处理（Natural Language Processing，NLP）如何在机器人感知与认知层面起到桥梁作用，让机器人得以与人类及其他环境元素进行丰富、有意义的交互。显而易见的是，当机器人能够用人类的交互方式，尤其是用自然语言与人类进行交流时，人类使用机器人或者人类与机器人的合作才是最轻松的。

作为AI家族的组成部分，自然语言处理是计算机科学、AI和语言学等领域的交叉学科。它专注于研究、开发、理解、生成自然语言的技术和算法。它的主要目标是设计和构建系统，使其能够识别、理解、阐释、生成和使用人类语言，不管是书面语还是口语。因此，自然语言处理是实现人类智能复制的关键技术。

通常来说，自然语言处理关乎以下几个方面。

（1）文本分析。

文本分析包括词法分析、句法分析、语义分析等，以便计算机或人造智能体可以理解句子的基本结构和含义。

（2）语音识别。

语音识别指将人类的语音信号转换为可被机器处理的文本。

（3）机器翻译。

机器翻译指将一种自然语言翻译成另一种自然语言。

（4）情感分析。

情感分析可识别文本中蕴藏的各种各样的情感，如积极、消极、中立。

（5）问答体系。

问答体系指构建出能够理解和回答用户提问的系统。

（6）信息检索与抽取。

信息检索与抽取指从大量文本中查找相关信息，并抽取一些关键的信息片段。

（7）文本生成。

文本生成指基于给定的输入或上下文，自动生成符合语法及语境的自然语言文本的过程。

（8）对话系统。

对话系统指建立能与人类进行多轮交互对话的聊天体系。

随着深度学习和其他机器学习技术的发展，自然语言处理已取得显著进步，被广泛用于搜索引擎、社交媒体分析、客户服务、智能家居、自动驾驶和文档审查等诸多领域。

目前，自然语言处理技术与机器人的结合尚未成熟，但它至少是赋予机器人理解和生成人类语言能力的一种途径。尽管并非所有的机器人都需要会说话，但迅速、正确理解人类的语言显然很有价值。特别是当自然语言处理与机器人视觉相结合时，它有望成为具身智能（Embodied Intelligence）（在后续章节，笔者会再次谈及这个概念）的重要组成部分，赋予机器人理解世界并与之互动的能力。也就是说，自然语言处理在机器人领域中扮演的角色不仅仅是帮助机器人理解或搞懂人类在说什么。

自然语言处理的核心挑战之一，是将看似无序的文本数据转化为有组织、有意义的信息结构。这需要运用复杂的算法模型，如词嵌入、句法分析和语义解释，以此解析语言的多层次含义。例如，通过深度学习方法训练的机器人不仅能理解词汇的深层含义，还能结合上下文理解用户的指令和潜在情感。它们甚至能基于过去的聊天记录和当前的语境，推断出人类的真实需求和情绪状态，从而实现更自然准确的交互。

如前文所述，交互意味着机器人不仅要能理解和解析自然语言，还要有效生成及输出。机器人通过知识库和学习算法，自主创造出逻辑连贯、内容正确的文本或语音，在实际工作场景中清晰地与人类沟通工作进度、传递信息、模拟情感，有效提升人机之间的交互体验和效率。换言之，通过自然语言，机器人能够更精准地反馈信息并与人类进行富有实质性内容的对话，加强两者间的沟通与协作效果。

这也意味着，自然语言处理的发展有望协助机器人走向具身智能之路。这不仅是因为机器人可以通过对自然语言的有效处理建立与外部世界的联系，也是因为通过不断学习，机器人有可能逐步形成个性化风格，拉近与人类的情感距离。

从内在智能演化的视角来看，未来的自然语言处理有望超越单纯的语言交互，更深入地融入机器人的认知系统中，推动其智能结构持续地优化与迭代。随着自然语言处理与其他多种感知技术的深度融合，可以预见机器人将能通过整合各方面信息，形成立体的认知模型，实现“无限拟人”的情境理解和行为决策能力。

因此，自然语言处理不仅是展现机器人智慧水平的外在标志，也是其内在智能发展的动力。我们的目标是使机器人更有效地辅助人类，进而全方位、多维度地融入日常生活，成为真正的智能伙伴，使人类在追求智慧和美好生活的道路上更加顺畅。

2.3.2 运动与控制

1. 运动感知：感知系统和观测系统

在机器人领域，运动感知是实现精准控制的重要基石。本节深入探讨机器人如何利用先进的感知系统捕捉环境信息，并通过精密的观测系统解析这些环境信息，从而指导和优化其动作行为。

关于感知系统，在前面章节中，笔者已经介绍了部分相关内容，如不同传感器的作用，接下来，将在此基础上进行更深入的探索。

1）传感器融合与环境理解

传感器融合指对各传感器采集的信息进行有效整合并加以分析，从而构建一个全面立体的环境模型。以视觉传感器和激光雷达为例，视觉传感器负责捕捉图像信息，识别物体颜色、纹理和形状等特征，以便区分不同种类的物体并对环境加以理解。激光雷达则利用激光脉冲测量目标的距离与速度，提供空间定位数据。当二者拥有的数据相融合时，机器人可以结合视觉信息对物体进行准确识别，并借助雷达数据估算物体的位置、尺寸和运动状态。这种多源信息融合技术使机器人在面对动态变化和复杂环境时，能相对有效地应对。例如，在自动驾驶场景中，通过对多种传感器数据的结合运用，车辆可以更加稳健地识别道路标志、行人和其他车辆等目标，并实时预测其行为路径，从而做出安全高效的行驶决策。当然，由于路况复杂度高、突发情况多，以及道路和城市数字化进度难以对齐等原因，自动驾驶的大规模落地前景还有待观察。

总之，传感器融合技术不仅是提升机器人环境感知准确度的方式，也是推动机器人向智能化发展的关键——帮助机器人从单点观察者、执行者向能够自主理解和做出决策的自主系统迈进。

2）适应实时动态环境

结合前面的分析我们可以看出，对机器人来说，感知系统的功能不只是捕捉和解析静态环境信息，而是必须能够实时感知不断变化的动态环境，就像人类那样。这背后是系统灵活高效的反应能力与果断的决策机制。

在实际应用中，机器人可能需要面对各种突发状况。例如，机器人在前进时，前面突然出现了障碍物或者是光照条件突然发生了变化。人在行走时也会遇到这些情况，这时候，感知系统要集成多种传感器（如视觉传感器、激光雷达、超声波传感器）收集实时环境信息数据，快速进行数据融合与处理，进而精确地识别和追踪环境变化。这是一个持续不断的过程，感知系统每每检测到环境变化，就要立刻更新观测结果，把新信息融入现有的环境模型中，即机器人需要具备强大的在线学习和场景理解能力。

同时，感知系统的实时反馈直接影响着机器人的路径规划和运动控制策略。当环境发生变化时，感知系统要及时做出准确判断，帮助机器人重新规划运动路径，确保机器人安全有效地应对变化，完成既定任务目标。这种动态路径优化的能力，不仅需要高精度的感知数据加以支撑，还仰仗于高效能的计算平台和先进算法。

3）深度学习与观测系统

深度学习作为 AI 麾下知名的“大将”，可谓声名远扬。对它的合理利用有助于推动机器人感知能力的进步。

深度学习通过模拟人脑神经元的工作原理，构建多层次、非线性的复杂模型结构，使机器人能够从海量数据中提炼深层次的特征表示，并以此为基础进行模式识别和预测分析。例如，在图像识别任务中，利用卷积神经网络训练的机器人能够高效识别并解析视觉输入，不仅能准确区分不同类型的物体，还能理解物体的空间位置、姿态变化和场景背景等多元信息。类似地，在语音识别方面，递归神经网络和长短时记忆网络等深度学习框架可推动机器人拥有对人类语音的良好识别能力，并基于上下文情境做出相应的响应。这使得机器人在和人类交互时可以更加流畅自然，拉近机器人与人类之间的距离。

深度学习使机器人能够实现更高水平的自主感知与决策。基于大量环境反馈数据进行的学习与训练有助于机器人在陌生且动态的环境中自我适应，识别挑战和机会，并据此调整自身的运动策略和行为模式。这种实时学习和自适应的能力，有助于机器人在诸如家庭陪伴、医疗护理、车间生产等场景中展现出更高的智能水平。简单来说，就是让机器人快速理解环境，更好地开展人类需要它们做的工作，当好人类的“苦力”。

观测系统主要负责对感知系统收集的数据进行融合、处理、分析与阐释。它是机器人内部的一个核心模块，能够将原始传感数据转化为可理解的状态描述和决策依据。部分内容其实在前文已有所提及，此处从观测系统的视角进行简要补充，以帮助对机器人不熟悉的读者形成直观感受。

- 数据融合：通过卡尔曼滤波或其他多传感器融合算法，综合处理来自不同传感器的信息，提高数据的准确性和可靠性，同时降低噪声干扰。

- 状态估计：基于处理后的数据，实时更新机器人的内部状态模型，如自身的位置、姿态、速度，以及与目标对象的关系。
- 动态建模：针对复杂的动态环境，观测系统能编织并维护一个实时更新的环境模型，预测可能发生的种种变化趋势。
- 错误检测与修正：当实际的运动轨迹与规划的路径之间发生偏差时，观测系统会快速察觉这一差异，然后根据误差的大小调整控制策略，努力确保机器人沿着预定路径移动。

总之，运动感知作为连接机器人与人类世界的纽带，其感知系统与观测系统的紧密联合，对提升机器人的自主性、适应性和智慧化程度有重大意义。强有力的感知能力，可以让机器人在面对各种复杂场景时及时准确地做出必要动作，直到完成预设任务目标。

2. 运动规划：路径规划和轨迹优化

运动规划是一项关键技术，它确保机器人能够从起始状态稳定完成或到达目标状态，并在这一过程中满足性能约束。这项技术结合了机器人动力学特征和运动学约束，以制定出机器人在实际物理空间中沿选定路径安全高效运动的具体策略。运动规划不仅需要机器人规避障碍物，还需要处理速度、加速度、关节角度和力矩等约束，并考虑机器人的动态特性（如惯性、摩擦和非完整约束）。因此，运动规划不只是"规划蓝图"，还关乎具体的动作序列，包括时间和空间上的详细轨迹规划，以确保机器人在执行任务过程中同时满足物理和性能的要求。

本节将浅析运动规划的两个方面：路径规划和轨迹优化。一般来说，这两者一直协同并进地帮助机器人在复杂环境中移动。例如，无人驾驶汽车在行驶时，路径规划要找到避开交通障碍的最安全路线，而轨迹优化则应当确保无人驾驶汽车能够按道路规则平稳行驶。在工业机器人操作中，路径规划可以帮助机械臂绕过障碍到达指定抓取点，而轨迹优化则负责规划关节动作序列，以保证动作快速准确，并尽量减少机械磨损和振动。

1）路径规划

路径规划是机器人自主导航系统的核心要素，其目标不仅仅是寻找一条连接起点和终点的几何路径，而且还要考虑效率，如路径最短、能耗最少、时间最快，或者是综合评价标准下的最优路径。

（1）图搜索算法。

在路径规划中，图搜索算法是一种经典且被广泛应用的方法，如 Dijkstra 算法和 A* 算法。这类算法通常将环境抽象成一个“图结构”，其中，“节点”代表环境中的关键点或“可通行区域”，边代表节点间的连通性和相应的代价（如距离、时间和能耗之类）。

下面简单阐释 Dijkstra 算法的应用：请想象一下，你给机器人预备了一张巨大的地图，上面的每个点都代表了一个位置，每条线段都代表着两点之间能直接移动的路径，旁边还标有相应的“距离”。Dijkstra 算法如同一个“探险家”，它从营地出发后，每次都会选择眼下看来前往未探索区域成本最低的路径，直到抵达目的地。该算法旨在保证找到最短路径，但如果不给这个“探险家”提供额外的启发信息和情报，那么它在面对“大地图”时就有可能晕头转向。

A* 算法可被视为 Dijkstra 算法的改进版，它就像是一个更有预见性的旅行者，在寻找最短路径时不但会考虑已走过路程中产生的成本，还会计算剩余路程可能存在的成本。例如，直接从当前位置前往终点的直线距离大概是多少。A* 算法会在追求最短路径的同时，优先探索看起来离终点更近的地方，以便更快地找到最优解。

（2）势场法。

势场法是一种很直观的路径规划方法，其底层思想是模拟一种虚拟的“物理场”，场里面有目标点和障碍物，其中目标点具有吸引力，而障碍物具有排斥力。如果把机器人视为该场中的粒子，那么当它受到这些力的作用时会怎么做？当然是远离障碍并朝着目标点靠拢，即机器人会根据这些力的作用自行调整方向，努力避开障碍物向目标点进发。

（3）采样法。

采样法是路径规划方法的一种，是基于采样的算法，如 Rapidly-exploring Random Trees（RRTs） 和 Probabilistic Roadmaps（PRMs）。打个比方，假如把寻找路径比作一位魔法师在沙漠里种树苗，RRTs 就好比这位魔法师先扔出水晶球，然后在水晶球落下的地方种一棵树，并且让这棵树上飞快长出的树枝触碰前方的土地，直到连接至目标区域。而 PRMs 则更像是农民伯伯撒豆子：先扔出代表可行位置的豆子，然后把相邻的豆子连起来，织成一张网，最后在网上找到从起点到终点的路径。这两种算法特别适合用在高维、非结构化和动态变化的复杂环境中。

（4）机器学习方法。

随着机器学习领域的快速发展，尤其是深度强化学习技术的突破，越来越多的研究开始探索利用这些技术进行路径规划。通过在模拟环境中自我学习，或者在真实环境中通过试错积累经验，可以训练机器人学会选择最佳路径策略。这种方法的优点在于，它可以较好地适应未知环境和处理不确定性情况，缺点是训练过程会比较慢，且对初始条件和训练集质量有较高要求。

路径规划方法多种多样、各有优劣，在实际应用中往往需要根据具体应用场景的需求和环境特点灵活选择或组合使用。

2）轨迹优化

在路径规划确定了大致走向之后，轨迹优化则负责细化机器人的实际运动轨迹。它主要关注的是如何在遵循预定路径的同时使机器人的运动过程满足物理约束、动力学特性及性能指标。这就好比路径规划是给机器人“指条明路”，而轨迹优化则是告诉机器人这明路具体怎么走。就像一位经验丰富的司机，不仅知道怎么走复杂的山路到达目的地，还知道具体怎样控制油门和刹车，以保持车辆平稳，让乘客尽量舒适……为了避免机器人在运动过程中急转弯或者突然加速，要努力生成尽可能平滑且连续的曲线轨迹，帮助其速度和加速度的变化顺畅自然，以减轻机器人内部结构的压力，减少设备磨损，延长使用寿命。

这也牵扯到另一个问题：轨迹优化最好能深入理解和体谅机器人的“身体素质”。就像F1赛车，车手不仅要考虑赛道情况，还要充分认知赛车的动力情况、路面摩擦和重力对车身的影响等，以确保过弯、加速和超车等动作都能在合理而安全的前提下高效完成。

此外，在时间管理方面，轨迹优化就像是导演和剪辑师为电影作品确定每个场景的节奏，每一帧画面占用的时间都要被统筹安排，最后既要保证整部影片能流畅播放，也要让每个画面和动作在规定时间内顺利展现。机器人在执行任务时，需要将其运动分解为与时间紧密相关的一系列动作，通过优化速度和加速度的变化率，确保机器人既能在既定时间内精准到位，又不会在运动过程中因超出自身所能承受的极限而出问题。

就像参加赛车比赛，既要努力以最快的速度抵达终点（最小化耗时），也要考虑燃油经济性（最小化能耗），即成本和“性价比”。在特定情况下，还要考虑其他因素。例如，医疗服务机器人在工作时，要尽量减少自己的动作对患者造成的不适感。

通过对这些不同性能指标的综合权衡与优化，才能为机器人打造出一条符合需求的理想轨迹。

3. 运动控制：控制策略和控制模型

运动控制是机器人实现运动规划的执行者：它将预设的理想运动轨迹，转化为机器人各关节的实际运动指令，并实时监测和校正机器人的行为，使其能精确按照规划路径规划展开行动。接下来介绍运动控制的核心组成部分——控制策略和控制模型，它们共同构成了机器人运动控制系统的基础架构。

1）控制策略

一般来说，控制策略指机器人在执行运动任务时采用的方式与算法，它就像是带领机器人精准执行动作的指挥官，决定着机器人如何应对环境扰动、系统误差等。常见的控制策略有比例－积分－微分（PID）控制、自适应控制、模型预测控制和智能控制等。

其中，比例－积分－微分控制的P环节就如同体操教练的眼睛，每每发现运动员动作偏离了预定轨迹，就会立即按误差大小调整力度，纠正姿势；I环节是教练手中的计分卡，用来记录累计误差，确保运动员始终保持准确到位的姿态；D环节则可被视作教练对运动员动作的预判，以此提前调整运动员的步伐快慢，确保整体动作流畅且适应节奏的变化。通过精心调整PID参数，机器人这个经过严格训练的“运动员”就能在各种速度和位置上保持高精度动作。

自适应控制像是一个经验老到的“运动员”，能凭借自身的感知与适应能力及时调整动作，以适应队友和赛场的具体情况。即便面临复杂的现实条件，自适应控制也能够维持稳健且流畅的运动姿态。

模型预测控制是基于对未来一段时间内系统状态的预测，求解最优控制序列，尤其适用于变量多、约束条件复杂的应用场景。

智能控制（如模糊逻辑、神经网络和遗传算法优化）赋予机器人自主思考的能力，教导机器人在面对状况时不要只是遵守固定套路，而是能够根据实际情况灵活应对。通过不断迭代和优化动作，使机器人在面对未知挑战时具备足够的适应性和可靠性。

2）控制模型

控制模型是建立在机器人动力学基础上的数学模型，描述了机器人关节动力学关系及与外界环境交互的动态特性。它就像是机器人行为背后的力学蓝图和导航手册，通过严谨的数学公式描摹出机器人关节与外界交互时的状态。控制模型包括动力学模型、逆动力学模型、简化模型等。

动力学模型如同一部复杂的智能交响曲，以牛顿－欧拉定律为主旋律，展示机器人关节在受力作用下的曼妙“舞步”。机器人的每个关节就好比乐队中的乐器，它们所受的力则如同演奏者施加的力量。而关节的旋转和伸缩，如同旋律中跃动的音符。这首曲子清晰地展示了在不同的力的作用下，机器人关节是如何联动的，以实现整个机体的完美表演。

逆动力学模型负责计算驱动机器人达到特定运动目标所需的关节力矩或电机驱动力，是实现精确轨迹跟踪的关键步骤。

复杂的机器人系统如同一个庞大的交响乐团，有时为了更有效地指挥和控制，需要对动力学模型进行简化或近似，将复杂的交响乐简化为易于指挥的手势。这有助于确保机器人在实际运动中使用简化的理论模型，以实现高效的运动性能和稳定的轨迹追踪。简单来说，就是针对复杂系统的实际情况简化动力学模型，便于控制器的设计与实施。

运动控制模块基于控制策略和控制模型，通过持续接收传感器反馈的信息，实时调整机器人的运动状态，确保机器人沿预定轨迹精确、高效、安全地运动。这一过程涉及大量实时计算和误差补偿，以及与外界环境的交互协调，是泛机器人技术中的核心技术之一。

只有将运动规划与运动控制有效地结合，才能真正赋予机器人灵活、自主、高效的执行力。

2.3.3 人机交互

1. 人机交互简介

人机交互是人类与机器人之间最天然和最直接的纽带，因此笔者把机器人的人机交互专门拿出来分析。不交互，怎么协作？不交互，怎么指挥机器人干活？所以机器人的人机交互可以被看作研究和设计机器人与人类相互作用的科学与工程课题，囊括多领域学科知识，包括计算机科学、AI、认知心理学和社会学。人机交互的最终目标是打造能理解并响应人类需求、适应人类习惯的智能机器人。本节笔者从以下几个维度来加以阐述。

1）发展历程概述

早期的人机交互主要依赖于简单的命令输入和执行预设的动作，随着计算机技术、AI技术、传感器技术、大数据技术和云计算技术的快速发展，人机交互逐渐变得越来越智能化、多样化、自然化和人性化。如今，许多机器人不仅能识别语音指令、手势和面部表情，还能通过深度学习等技术理解上下文语境，判断人类的诉求。此外，通过情感计算等方式，机器人能模拟人类情感，从而实现更接近于人类自然交流模式的交互体验。

2）人机交互的分类

（1）基于交互模式分类。

直接交互：包括物理接触、同一时空下的近距离非接触感应等。例如，用户可以通过按下按钮、旋转旋钮或点击机器人身上的屏幕与机器人互动。机器人将根据这些信息执行相应的操作。具体来说，你可以通过点击一些银行服务机器人的脸部屏幕选择业务。还有一种情况，即人类和机器人虽然没有直接接触，但双方处于同一场景中。例如，通过手势控制机器人，机器人通过内置摄像头捕捉并识别人类的指令。

间接交互：指人类与机器人不在同一物理空间，人类通过无线通信技术，包括遥控器、智能手机 App 等方式，远程操控机器人。此外，可以通过语音和视觉识别技术实现远距离操控。例如，一些机器人能够通过摄像头远程识别人脸表情和肢体动作。

（2）基于信息传递渠道分类。

视觉通道：指通过机器人身上的屏幕、指示灯等设备来展示信息，或者机器人通过自身的动作来传达情感和意图。

听觉通道：指通过语音合成及语音识别等技术，实现与人类的双向交流。

触觉通道：指通过触觉传感器提供的实时触觉反馈，实现人类与机器人之间的相互感知。

（3）基于交互层次分类。

表层交互：如图形用户界面、自然语言对话界面等。

深层交互：如情感计算、情境意识、社会规范理解和学习能力等。

（4）基于交互目标分类。

工具性交互：指人类为了完成某项具体任务而与机器人进行的

交互，如机械臂在生产线上执行装配任务。

社交性交互：指人类与机器人之间的社交联系和情感纽带，如零售服务机器人、教育机器人。

3）人机交互发展的必要性

无论是在工业生产还是在服务领域，有效的人机交互都能提升机器人完成任务的效率。从人类使用者的角度来说，显然和机器人的交流及操作越简单直观越好，最好是机器人能够根据人类的喜好和需求进行个性化设置及调整，在家用场景中这一点尤为明显。例如，家庭服务机器人、机器人智能助手等的人机交互水平，直接决定了用户体验，影响着产品的市场推广进度和整体竞争力。而在医疗、救援和外太空探索等相对特殊的领域，人机交互的发展使得人与机器人能够更加迅速地协同作业，完成复杂的任务。

2. 视觉交互：洞察你的世界

机器人早期的“视觉”能力相对较弱，只能识别预设的具有明确特征的图案和形状，功能有限且应用场景单一。随着深度学习、机器视觉和计算机图形学等技术的进步，机器人在视觉交互能力上也在不断提高。例如，现在不少机器人能利用三维视觉感知技术，从复杂的视觉输入中提取高维度信息，精准构建和理解三维空间环境。它们不仅能对静态场景进行细致分析，还能实时追踪动态目标，甚至辨识和理解人类的各种动作，辅助机器人决策和控制。

此外，现代机器人通过整合视觉、听觉和触觉等多种感知信息，形成一套更立体、综合的感知体系。通过结合声音识别技术，机器人能够识别和理解语音指令，并利用视觉信息检验指令的执行结果。

而通过触觉传感器，机器人能够感知物体的材质和形状等特征。这种多模态融合的做法不仅提升了机器人的感知能力，也使得人机交互更加自然和高效，为人类的日常生活、工作和科研探索开辟了无限新的可能性。

机器人视觉交互相关技术包括但不限于以下几类。

1）物体检测与识别

利用卷积神经网络等深度学习算法，机器人能够从二维或三维图像中提取关键特征，识别并定位各类物体。通过逐层的特征提取与抽象，机器人能够判断图像中物体的具体类别，如床、杯子、凳子，并确定物体的位置，以及相对于摄像机的角度和姿态。这些能力对机器人执行物体抓取、搬运和装配等任务颇有价值，有效地赋予了机器人识别和处理环境中物体的能力。

2）三维重建与定位

通过搭载激光雷达（LiDAR）和 RGB-D 相机等传感器，机器人能够获取丰富的深度信息，将二维图像转换为三维空间模型。这使得机器人能够实时进行三维环境重构，描摹出详尽的环境地图，从而帮助机器人实现自主导航并规避障碍物。这种能力在复杂环境中尤为关键，显著提升了机器人在未知环境中的适应性和自主作业能力。笔者反复强调机器人的自主性和其在充满障碍物的复杂环境中的应对能力，是因为这些是其在未来为人类提供复杂服务、顺畅作业的根本条件之一。如果机器人在行动和避障方面都表现得笨拙，那么其他高级功能也难以实现。

3）面部表情与手势识别

借助面部关键点检测等技术，机器人能够捕捉人脸的肌肉动态和表情变化，进而识别和理解人类情绪。同理，机器人能够识别并解析人类的手势动作，进而理解这些动作背后的含义。这两种技术的直接价值在于它们使机器人与人类的交互更加自然和直观，从而促进机器人在不同领域与人类进行协作。

4）眼球追踪与视线估计

眼球追踪技术是一种重要的视觉交互技术，它能实时监测并分析用户的眼球运动，准确估计用户的视线焦点和视觉注意力。这项技术的应用有助于机器人理解用户的关注点和兴趣所在，适时调整自己的动作和反馈，提升人与机器人的交互效率，增强用户体验。例如，在人机协作时，机器人可以根据用户的眼神提示快速响应，实现更为默契的协同工作。

尽管我们对机器人视觉交互的潜力持乐观态度并抱有很高的期待，但它们显然面临着不少挑战。例如，光照条件的变化可能会影响视觉系统的稳定性，导致机器人在识别和定位时发生偏差。环境中物体的遮挡也是一个问题，特别是当关键视觉信息被遮挡时，机器人可能无法准确判断目标物体的状态和位置。人类有时能根据经验推断出被遮挡物体的情况，但对机器人来说，这并非易事。

从乐观的角度来看，随着科技的持续进步，未来的视觉交互技术有望融合更多先进技术。例如，随着高性能计算的提升，视觉信息的实时处理、存储和分析也将显著增强，使机器人能够更有效地解读视觉输入的信息。

3. 触觉交互：这世界存在的证明

触觉交互技术通过触觉传感器等装置，模仿了生物的触觉感知能力。通过对触觉信息的获取及处理，触觉交互技术为机器人提供了验证和感知世界的渠道，使机器人在工作时能更全面地了解环境，准确判断与第三方物体的交互状态，从而增强其环境适应性和应对能力。

同时，触觉交互技术在提升机器人与人类的深层互动方面也发挥着重要作用。通过高度拟真的触觉交互技术，机器人能够更好地理解和响应人类的触觉暗示，从而使人机交互更加自然和直观，更符合人类的使用习惯。尤其是在工业自动化、医疗手术和服务机器人等应用领域，触觉交互技术有助于提高机器人处理问题的精度和效率，为人类营造更安全、舒适和便捷的工作生活环境。

触觉交互技术的核心主要体现在对各类触觉传感器的研发与应用上。这些传感器承担着模仿和延伸人类皮肤触觉敏感度的重任，为机器人提供了理解和感知外部物理世界的途径。在前面章节中，已经对相关传感器进行了梳理，此处再进行一些补充，主要介绍压电传感器、电容式触觉传感器和电阻式触觉传感器。

1）压电传感器

压电传感器是一种典型的触觉交互传感器，它利用了压电效应这一物理现象，当特定的压电材料受到外力作用时，其内部晶格结构会发生微小的位移，导致电荷分离并形成电压差。这种将机械应力转化为电能的特性，使压电传感器能够捕捉物理压力的变化。压电传感器能够将微观尺度的微小振动到宏观层面的物体形变都转化为可被机器人识别和处理的电信号。在需要高精度触觉交互的应用中，如精密仪器操作、医疗诊断设备、机器人手指末端触觉感知，压电传感器可以发挥重要作用。

2）电容式触觉传感器

电容式触觉传感器基于电容变化原理，通过监测传感器表面两极板间的距离或填充介质的介电常数变化来感知触觉信息。当物体接近或触碰传感器表面时，空气间隙的缩小或介质的替换会导致电容值改变，生成电信号。这种传感器能够精确地反映物体与传感器表面之间的相对位置变化，以及物体的物理特性，如导电性、介电性，从而在触觉交互应用中实现对物体接触强度、位置和材质的识别。电容式触觉传感器被广泛应用于智能设备的触摸屏和机器人触觉反馈系统，以及物体抓取与检测等领域。

3）电阻式触觉传感器

电阻式触觉传感器通过监测材料电阻值在形变或受外力作用时产生的变化，将机械应力转化为电信号。这类传感器的敏感元件一般由具有一定弹性的导电材料制成，当受到外力作用发生形变时，其内部电阻分布会发生相应的变化，从而产生电流变化。这种电流变化会被用来表征机械应力的大小和方向。电阻式触觉传感器以其结构简单、响应速度快和成本较低的特点，在机器人触觉反馈、压力测量等领域拥有广泛的应用空间。

采用了触觉交互技术的机器人，在工业、服务和医疗领域发挥了积极作用，下面举几个例子稍加说明。

（1）工厂中的“高级工人”。

在工业自动化领域，配备先进触觉反馈系统的工业机器人能够实现比传统刚性定位更智能的操作。它们通过集成的压电、电容或电阻式触觉传感器，实时捕捉并分析抓取物体时的各种力学特性，如轮廓、质地、重量和温度。这种高精度的触觉感知能力使得工业机器人能够执行更为精细化的任务。例如，在执行精密装配作业时，工业机器人能够准确感知零件的位置关系和所需的装配力度，确保零件间的紧密结合。在打磨和抛光过程中，工业机器人能够根据触觉感知调整施加的力量和角度，以实现最佳的表面处理效果，同时避免对工件或自身造成损伤。

（2）让机器人的服务更人性化。

在服务机器人领域，触觉交互技术可以发挥重要作用，增强机器人的自主性和提供人性化服务的能力。例如，护理机器人的触觉系统设计，可使其在照顾行动不便的老人或病患时，能够通过感知接触力度的细微变化做出适当的反应。这确保了在协助人翻身或搬运重物的过程中，机器人能够提供柔和而有力的支撑，尽可能地减少给老人或病患造成的不适。

此外，家庭或商业场所使用的清洁机器人也可以采用触觉交互技术。这样，它们在清扫不同材质的地面时，能够实时调整刷头的压力和速度，既实现了高效清洁，又避免了对接触面造成刮擦等损伤。

（3）当好医生的“小助理”。

在医疗行业，尤其是在一些微创手术机器人系统中，触觉感知功能至关重要。这些机器人搭载了高度灵敏的触觉传感器，能够实时捕捉手术器械与人体组织接触时产生的力学信息，如组织的硬度、弹性和滑动摩擦力。这些信息被实时转化为触觉信号，通过手柄或其他操控界面传递给医生。这样一来，即便医生远距离操作手术器械，也能像直接手持器械一样感知组织的三维立体构造和手术过程中的各种细微变化，从而保证手术的精确性。随着触觉交互技术的发展和完善，手术机器人不仅能在更复杂的手术场景中提供辅助，还能为远程医疗和精准医疗开辟了新的可能性。

4）新技术带来新的可能

近年来，柔性电子材料科学、微纳制造技术、生物仿真技术等领域的快速发展，推动了触觉交互技术的不断升级。这些技术的进步使机器人能够具备更出色的感知与交互能力。例如，新型柔性触觉传感器能够模拟人体皮肤，精准地感知触碰、压力、纹理等多种触觉信息。

软体机器人技术的进步使机器人能够模拟生物体的柔度，拥有高弹性和高响应度的机械结构，从而增强触觉传感器捕捉细微触感信息的能力。同时，生物仿真技术的研究和应用，推动了触觉交互系统的智能化，使机器人能够更细腻地感知物体的微观特性，如温度梯度和质地差异，进而实现对环境的深入理解和适应。总之，这些技术的发展旨在使机器人的“触觉”更接近生物，让人与机器人的互动更加亲切自然。

沿着这个思路思考，未来机器人触觉技术的发展趋势可能会倾向于构建更为复杂的触觉神经系统。这些系统将以多模态融合、分布式感知、智能解码等先进技术为内核，让机器人能够像生物一样，通过丰富的触觉反馈系统综合感知外部世界，从而为协同人类执行复杂任务提供更有效的信息输入。

如果再考虑到虚拟现实（Virtual Reality，VR）、增强现实（Augmented Reality，AR）和元宇宙等领域，那么触觉交互技术的重要性就更加不言而喻了。它如同一座桥梁，连接着人类生存的三维现实世界与虚拟世界，使人类和机器人在沉浸式的跨界环境中能够获取相同的触觉感受，体验到近乎一致的触感反馈。这无疑从侧面拓宽了机器人与人类协作共存的价值点和可能性。

4. 语音交互：一种效率的体现

由于语音交流是人类最重要的交互方式之一，因此有必要再次讨论它。顾名思义，机器人的语音交互指的是机器人通过识别、理解并生成人类语音信号，实现在自然语言层面与人类进行有效沟通的能力。在现代机器人身上，语音交互的流畅度在一定程度上体现了 AI 与人类交互的高效性与便捷性。

1）语音识别技术及其重要性

语音识别是语音交互的核心，它负责捕捉并解析人类发出的语音信号，将其转化为可被程序理解和执行的形式。这一过程融合了深度学习、信号处理和模式识别等一系列技术，还涉及声学模型构建、语言模型优化和噪声抑制等多个环节。

深度学习技术利用神经网络架构，通过学习大规模的训练数据，使系统能够模仿人类大脑的模式识别能力，进而从复杂的语音信号中抽取特征，并区分不同的语音单元（如音素）和词汇，理解句子的含义。

信号处理技术则负责对原始音频信号进行降噪、增益控制和特征提取，以确保即使在背景嘈杂或语音质量不佳的情况下，仍能捕捉清晰有效的语音信息。同时，为了适应不同地域、文化和语言环境的语音交互需求，现代语音识别技术还需充分考虑方言、口音和口语化表达等因素，通过集成大量的方言数据库和灵活的语言模型调整机制，不断提升在多元语境下的识别准确率，使机器人能够与不同人群进行交谈。

总之，语音识别技术借助一系列技术“组合拳”，在确保高准确度的同时，增强了在复杂条件下的稳健性，为语音交互提供了可靠的技术支持，促进了人与机器人之间自然、高效的交流。

2）自然语言处理

前面笔者已经通过和具身智能结合等方式讨论过自然语言处理这座人机相互理解的桥梁。接下来笔者从工作流程的视角进一步补充讨论。语音识别将用户的语音信号转换为文本信息之后，自然语言处理技术便承担起理解并解析这些信息的任务,包括词法分析、语法分析、语义理解等环节。

在词法分析阶段，系统会对文本进行分词处理，识别出词语的边界和单词的基本形态。随后，在语法分析阶段，系统会根据语言的语法规则构建句法结构树，揭示句子成分之间的关系，明确主语、谓语和宾语等基本构成要素。语义理解是自然语言处理的深层次使命，它要求机器人不仅要理解话语的表层含义，还要挖掘其深层含义。通过关联知识图谱、语义角色标注、情感分析等技术，机器人可以更好地掌握人类的真正需求——人类最无趣也是最有趣之处或许就是懂得暗示和“言下之意”,并从文本中提取关键词和关键信息。

随着情感计算和对话管理技术的迅猛发展，自然语言处理已经从单纯的文字理解迈向了更高级别的智能交互阶段。情感计算使得机器人能够识别和理解用户的情绪状态，通过分析语气、语调、词汇等因素，揣摩用户的潜在需求和期望，这比暗示和“言下之意”更难懂。对话管理技术则确保机器人在交谈过程中能够合理引导话题，并根据上下文动态调整对话策略，以维持对话的连贯性和自然度，实现如同人与人交谈般的流畅、自然和富有情感。这样的进步不仅显著提升了人机交互效率，也让机器人在服务、教育和娱乐等众多领域中的应用更加深入人心。

3）语音合成与反馈

在机器人成功理解并执行了人类的指令之后，一个不可或缺的环节就是将机器的思考过程和执行结果以语音形式反馈给用户。这一过程主要依靠先进的语音合成技术来实现。语音合成是一种将文本信息或机器人的“逻辑思维”转为真实、自然的语音输出的技术，在人机交互中扮演着重要角色。同时，高质量的语音合成系统不仅能准确传递机器人处理的结果，而且在音色、韵律等方面会尽可能地模拟真人发音，在语音的自然度、清晰度和情感表现力等方面，帮助机器人摆脱机械感，使其更具“人性”。

语音合成技术的发展与进步，不仅显著改善了机器人使用者的体验、增强了人类与机器人之间的互动自然度，还提高了人类对机器人的信任。在智能家居、客服和教育培训等众多领域中，语音合成技术的应用能让机器人更有效地传达信息、答疑解惑，甚至在某些情境下提供情绪安抚和支持（即提供情绪价值），从而在人机交互层面达到一个新的高度。

第 3 章
一台机器人的诞生

3.1 把机器人制造出来，总共分几步

机器人，究竟是如何被制造出来的？不同的公司和个人，由于制造的机器人类型不同、面临的生产条件不同，方法也就大不相同。本节笔者会尝试概括一般意义上制造机器人的总体步骤，并在后面的小节里进一步引申、补充和拆解。这样做的目的，不仅是让更多的机器人爱好者能清晰地了解机器人的“五脏六腑”，也是给有志于制造机器人或成立机器人公司的人一点点帮助。笔者相信，未来人与机器人的界限会无限缩小，双方是协作、互助甚至共生的关系，而非仅仅是使用者和被使用者的关系，人们制造和修理机器人也将变得像组装衣柜那样常见。机器人的生产流程如图 3-1 所示，下面将具体介绍。

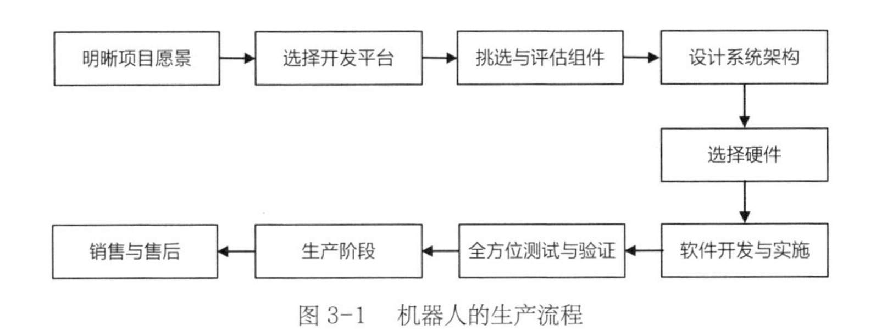

图 3-1 机器人的生产流程

1. 明晰项目愿景

在着手制造一台机器人之前，首先要梳理清楚产品的应用场景、核心目标和功能需求。这一行为的核心在于编写一份详尽且全面的需求文档，明确说明机器人的设计初衷、预期功能、性能指标和运行环境，以及安全与合规参数等。当然，在前期阶段通常难以考虑得很周全，更无法预见所有细节，但确立核心功能需求和关键性能指标还是有必要的，因为它们将直接影响后续的设计思路、技术选型和实现方案。

如果想要制造一款自动送货机器人，就要明确应用场景、核心目标和功能需求。例如，这款机器人是想用在中国的小区还是南美的小区？不同国家的道路通行条件千差万别，人们对机器人的接受度也不一样。当然，无论应用场景在哪里，精准的自主导航能力都必不可少。装货的方式、负载能力和安全性，以及在复杂环境下的运动稳定性等因素也是必须要考量的。其中，导航功能的实现依赖于精确的定位精度、避障策略和路径规划算法等，而负载能力与应用场景和项目目标密不可分，因此应当设定合理的最大负载量和相应的平衡控制机制。

在条件允许的情况下，可以利用机器学习和数据分析等技术，对历史交通数据、用户行为模式数据等数据资源进行深入挖掘与学习，尽可能前瞻性地预测和模拟机器人的运行环境与动态导航模式，尽量在设计之初就贴合实际应用场景。这一过程不仅有助于优化设计方案，也有助于在产品开发的早期阶段识别和解决潜在问题，确保最终的机器人产品能满足期待，并实现高效稳定的应用。

2. 选择开发平台

在机器人的设计和制造过程中，选取一个与目标需求高度匹配且具备良好扩展性和模块化特性的机器人平台至关重要。对于个人开发者来说尤为如此，因为这可以极大地节省开发时间和成本，避免出现重复“造轮子”的情况。

以 ROS（Robot Operating System，机器人操作系统）生态中的 Turtle Bot 3 为例，这是一个高度开放且极具灵活性的机器人平台，它为开发者提供了预置的软件框架和硬件接口，使得二次开发和定制化使用变得方便快捷。此外，Turtle Bot 3 支持 ROS，这意味着开发者可以利用丰富的开源代码库和强大的社区支持，快速构建并优化机器人在运动导航、视觉识别和物体抓取等方面的能力。

在选择机器人平台时，建议着重考量以下几个关键因素。

（1）功能兼容性：尽可能确保选择的平台能支持可预见的功能扩展需求。

（2）硬件扩展性：应评估平台能否方便地接入各种传感器（如摄像头、激光雷达、IMU）和执行器（如电机、舵机、机械臂组件），以及是否具备足够的计算能力来处理复杂算法。

（3）软件集成性：要考虑平台的软件架构是否易于整合第三方软件包和开发工具，以及是否具备健全的 API 和文档，这对于实现高效的软硬件协同开发至关重要。

（4）社区支持与可维护性：评估平台所属的生态系统活跃度，如是否有丰富的教程、代码示例和活跃的用户论坛，这些资源可以降低后期维护和升级的难度。

3. 挑选与评估组件

在机器人的设计与制作过程中，对各组件的选择和评估至关重要。不仅需要确保这些组件能满足当前机器人的功能需求，还必须具有前瞻性，评估它们对未来系统扩展和升级的兼容性及可行性。这里的“组件”指机器人系统中各个独立的、具有特定功能的硬件组件和软件组件，有些在前面章节中已经讨论过。这些组件包括但不限于以下内容。

1）硬件组件

传感器：主要用于感知机器人周围的环境和物理信息，如摄像头、激光雷达、超声波传感器、红外传感器和力矩传感器。

执行器：用于实现机器人的精确运动和复杂动作，如电机、舵机、液压系统和气动系统。

控制器：用于处理传感器数据并控制执行器动作，如微控制器、嵌入式系统和计算机主板。

电源系统：为机器人提供能量来源，如电池、充电系统和能源管理系统。

结构件和机械组件：构成了机器人的主体结构，如机器人骨架、关节、机械臂和移动底盘。

2）软件组件

操作系统：为机器人提供基础软件环境和开发框架，如

ROS。

驱动程序：用于控制硬件组件工作的软件，如电机驱动和读取传感器数据。

应用程序和算法：赋予机器人特定的功能和智慧，如导航算法、视觉识别算法、语音识别系统和运动控制算法。

机器人组件大家庭的部分成员如图 3-2 所示。

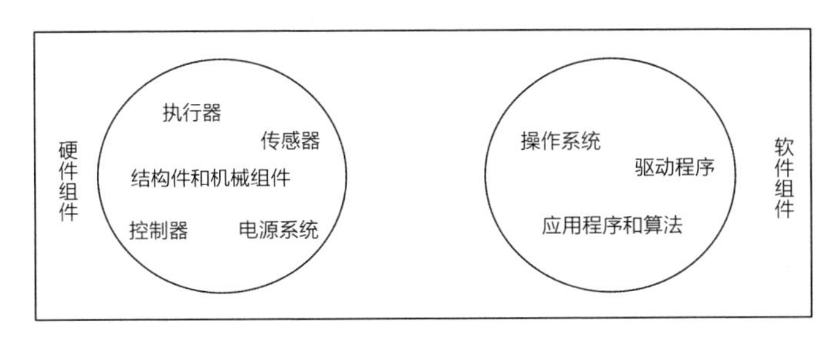

图 3-2　机器人组件大家庭的部分成员

在甄选组件时应注意哪些因素呢?

（1）功能契合度与性能。

每个选定的组件都应能够准确执行其在机器人系统中被分配的特定任务。例如，电机应具备足够的扭矩和速度来驱动机器人移动，而传感器则需要准确捕捉环境信息。此外，组件的性能指标，如响应时间、精度和稳定性等均需满足或超出预期标准。

（2）可靠性与耐用性。

在资金允许的情况下，应优先选择知名制造商生产的高质量组件，以确保机器人在长时间运行后仍保持稳定性和可靠性。优质的电机、电池和传感器等组件能够抵御各种复杂环境带来的“摧残”，从而降低机器人的整体故障率，延长机器人的使用寿命。

（3）标准化与模块化设计。

采用标准化的接口和协议可以使组件间的集成更加简单，并降低总体的开发难度和成本。同时，应优先选择那些支持模块化设计的组件，这样当对机器人功能进行扩展或替换升级时，可以避免对整个系统进行大范围的改造。

（4）未来技术发展趋势。

在评估组件时，建议密切关注相关领域的最新技术进展，并优先选择具有先进性和前瞻性的组件，以确保机器人在一定时期内保持技术领先。

（5）成本效益分析。

在满足上述条件的基础上，还应控制成本预算，以寻求性能与成本之间的最优平衡。合理的价格并不总是意味着牺牲品质，而是要在满足功能需求的同时，寻找性价比最高的组件。

4. 设计系统架构

在构建机器人时，设计一个超出当前项目需求的系统架构，不仅有趣，而且能提供更大的灵活性和可扩展性，为未来升级和扩展预留空间。机器人系统架构如图 3-3 所示。

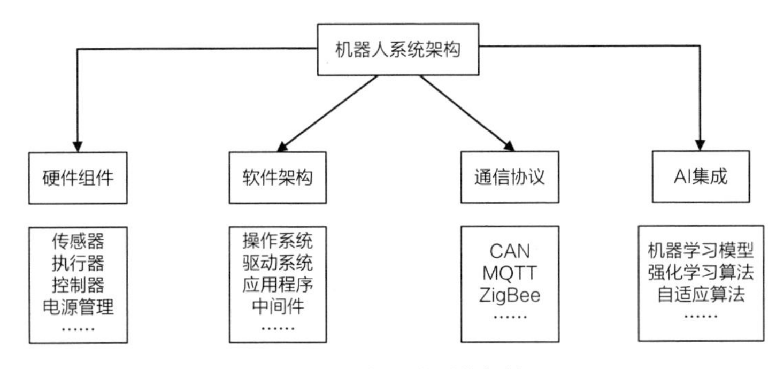

图 3-3　机器人系统架构

为了清晰展现各组件和子系统之间的交互关系，可以利用统一建模语言（UML）或类似工具进行系统设计，绘制出类图、序列图和状态图等图表，以直观呈现系统的组成结构、消息传递流程和状态变迁规律。也就是说，可以用这样的工具把机器人各部分是如何协同工作的，画得清清楚楚。

通信协议对机器人系统的整体性能和稳定性具有重要影响。例如，在需要进行实时数据交换的机器人应用中，控制器局域网协议可能是一个理想的选择。因为它传输速率快、实时性强、抗电磁干扰能力佳。它就像机器人体内的“驿站系统”，力求确保每个部位都能快速接收指令和反馈。此外，随着物联网和分布式系统的发展，其他通信协议，如 MQTT、ZigBee 等也值得考虑和研究。

理论上，将 AI 技术融入系统架构设计有很大的价值。例如，可以运用机器学习模型进行预测分析，通过学习历史数据来预测未来可能出现的通信瓶颈，从而在系统设计阶段便开始有针对性地进行优化调整。同时，强化学习算法在机器人系统架构中的应用也很有价值。例如，根据实时性能数据动态优化通信协议，并随着环境变化调整机器人的行为策略，从而提高系统运行和任务执行的效率。

就像出色的足球队会不断根据场上的局势调整打法和球员位置，而不是固守既定战术套路。

5. 选择硬件

实体机器人本质上是“硬件”。为了实现机器人性能的最优化和整体结构的合理性，从硬件角度需要考虑以下因素。

首先，在设计与制造过程中，如果条件允许，应充分利用当前最先进的工程技术，包括但不限于精密机械加工、3D 打印和微电子封装等。针对核心组件，如动力系统、传动装置、外壳支架和内部骨架，应定制一体化解决方案。例如，在制作机器人支架或底盘时，应综合考虑承重能力、稳定性和耐用性，结合轻量化材料科学，在确保结构强度的同时减轻整体重量。当然，对于条件有限的人和公司来说，有时可能无法实现如此精细的设计。例如，对于某些用于娱乐和教学的机器人，直接购买供应商提供的塑料件可能是更实际的选择。

其次，对于传感器的集成，笔者建议遵循效能最大化和成本最优化原则。应根据机器人的具体应用场景和功能需求，合理配置各类传感器，以实现高效且理想的环境感知和自主导航效果。同时，传感器不仅应精确匹配应用需求，还应与其他硬件设备良好兼容，以确保信息传输的准确性和及时性。

需要强调的是，在原型制造阶段，质量控制十分关键，即便产品结构十分简洁，也应认真对待质量问题。在选材上，要进行严格筛选，确保材料既满足物理性能指标，又符合环保和安全标准。在工艺流程上，要实施精细化管理，从零部件的装配精度、焊接工艺到表面处理，每个环节都应按照最高标准执行，以确保每个细节都能经受市场考验。

此外，在制造原型后，进行功能验证和调试是制造过程中不可或缺的步骤。这包括对机器人各子系统的单独测试和综合联动试验，如运动控制系统的响应速度、传感器数据的精准采集与解析，以及算法的有效执行。通过反复地调试和优化，有助于提高机器人基本功能的稳定性和可靠性，这对日后的迭代升级也大有裨益。总体来说，就是认真、谨慎、注重细节！关于质量问题在本书的后面还会反复讨论，一般意义上的质量管理流程如图 3-4 所示。

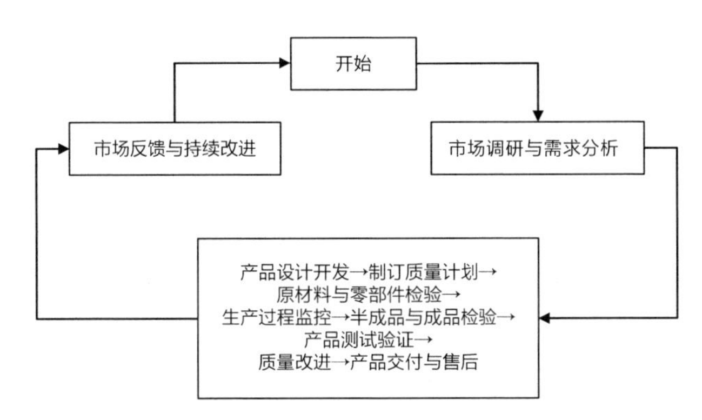

图 3-4　一般意义上的质量管理流程

6. 软件开发与实施

将软件与硬件相融合，是赋予机器人生命力的关键一环。首先，根据机器人设计的性能需求与预算，选择合适的操作系统或开发板，就像手机和电脑需要操作系统来驱动硬件工作一样。在选择时，要考虑机器人的具体构造和性能需求，以及可接受的成本。如果是小型机器人或嵌入式设备，则可以选择轻量级的 RTOS（实时操作系统）；如果是功能丰富、运算需求较大的服务机器人或工业机器人，则可能需要 Linux 或 Windows IoT 等操作系统。

软件开发要围绕机器人的核心功能来展开，这包括但不限于以下几部分（为方便从软件角度阐述，分类与前文有些许不同）。

1）控制系统软件

负责协调各个硬件组件的运转，以实现对机器人运动轨迹、力度和速度进行精确控制。

2）感知系统软件

利用各类传感器收集环境信息，通过图像处理、声音识别和距离探测等技术，实现对外界环境的实时感知与理解。

3）决策系统软件

利用机器学习或 AI 算法，根据感知系统提供的数据进行推理分析，并制定合理的行动策略，使机器人能够自主决策和应对复杂情况。

在软件开发过程中需要进行严格的测试与调试。首先，在独立的开发环境中对各个软件模块进行单元测试，以确保其功能准确；然后，进行集成测试，以观察各系统间的协同运作是否达到预期的功能并满足状态需求。软件开发完成并通过测试后，即可将其部署到实际的机器人硬件平台上。在此阶段，需要密切关注硬件与软件之间的兼容性，对二者进行细致的集成、调试和优化，以确保软件在实际运行环境中的性能与稳定性。

在整个软件开发与实施过程中，最好编写详细的文档记录。这些文档应包括软件设计文档、用户手册、安装指南和调试日志等。

这样做不仅有助于团队成员间的信息共享和后期维护更新，也有助于新成员快速了解项目的历史和当前状态。即便该项目只有一个人，良好的文档记录也有助于记住关键节点和进展。

7. 全方位测试与验证

在打造机器人的后期阶段，需要进行全面的测试与验证。这一步骤涵盖了从基础功能测试到极端条件下的性能验证等，目的是确保机器人在各种情况下都能稳定、可靠且高效地按预期运行。

1）功能性测试

功能性测试是整个测试过程中的首要步骤，其目的是对机器人的各项功能进行验证，包括基础动作执行、任务完成能力、传感器数据的采集与处理，以及决策算法的表现等。例如，一个机器人在设计上是通过轮子平稳地向前移动，但实际上却经常出现弹跳现象，这就说明它在功能性测试中未达到预定的性能标准。

2）压力测试和极限条件测试

压力测试和极限条件测试旨在模拟并检验机器人高强度工作和在特殊环境下（如高温、湿润、晃动）的性能表现。这些测试有助于评估机器人系统的耐久性、稳定性和适应力，可及时发现机器人潜在的弱点并进行相应的优化。

3）环境适应性测试

环境适应性测试与压力测试和极限条件测试既有关联，也有差异。由于机器人可能需要在室内、户外、水下和空中等多种环境下工作，确保其在这些环境下的正常运行和性能就至关重要。当然，从现实角度出发,如果某机器人几乎不会出现在多样化的环境中(如代写作业的机器人不需要水下作业能力),那么可以相应减少测试的种类和范围。

4)关于专业测试框架和工具

在测试时,可以利用专业的测试工具和框架进行辅助。例如,在基于 ROS 的机器人项目中,可以采用 ROS 自带的测试工具或第三方测试框架进行自动化测试。这不仅能减少人工干预,提高测试覆盖率,还能确保测试结果的准确性和客观性。

以烘焙蛋糕为例,如果把基于 ROS 的机器人项目比作烘焙蛋糕,那么可以使用一台预设了多种烘烤模式和温度控制的烤箱。这台烤箱能自动执行预设的烘烤程序,无须手动调整时间和温度。通过这种方式,不仅提高了烘焙(测试)效率,而且确保了每次烘焙(测试)都能以统一的标准进行,使得蛋糕(机器人)的质量(性能和稳定性)更加可靠,同时避免了人为因素导致的偏差,确保了测试结果的客观性和一致性。

严苛的测试验证旨在确保机器人在被使用时尽可能地展现出预期的性能。需要注意的是,应当全程记录并仔细分析测试数据,形成系统的测试报告。这对于机器人项目来说,既是成果验收的凭证,也是产品后续迭代和故障排查的重要参考资料。

8. 生产阶段

在测试验证后,如果确认机器人各方面均已达到设计预期和标准,就可以进入生产阶段,步骤如下。

- 设计和布局生产线，以确保生产流程的高效和经济，努力减少物料流转的时间和成本。
- 根据机器人的生产需求，采购和引进必要的生产设备，如精密加工机床、自动化装配线和检测设备等，以确保批量生产时产品的品质和效率的稳定性。
- 对负责生产的员工进行培训和指导，让他们熟悉生产工艺流程和技术规范，确保他们能严格按照操作规程进行生产和质量控制。
- 构建质量管理体系，涵盖原料采购、生产过程监控和成品检验等环节。严格执行国际或行业标准，设立质量检验节点，并采用先进质量控制方法，如 SPC（统计过程控制），确保每个出厂的机器人产品都能达到质量标准。
- 在生产实践中不断改进生产工艺，优化资源配置，努力降低不良品率，提升产品良率。
- 通过有序高效的生产流程，将机器人所需的各类精密部件（如机械结构、传感器、电路板和电机）精准装配并整合，完成出厂检验，确保每台机器人产品均能满足既定需求。

当然，以上内容只是纸上谈兵，主要起到科普和提醒的作用。在实际执行过程中，还会遇到许多细节问题，甚至对每一个步骤进行深入研究都可能成为一部专著的主题。

此外，如果是个人或小团队作业，那么重点应该放在寻找合适的供应商上，并在制造和检验时更加注意细节。虽然上面提到的一些看似“高大上”的专业名词可能暂时用不上，但对它们有所了解仍然是非常必要的。

基础的生产流程如图 3-5 所示。

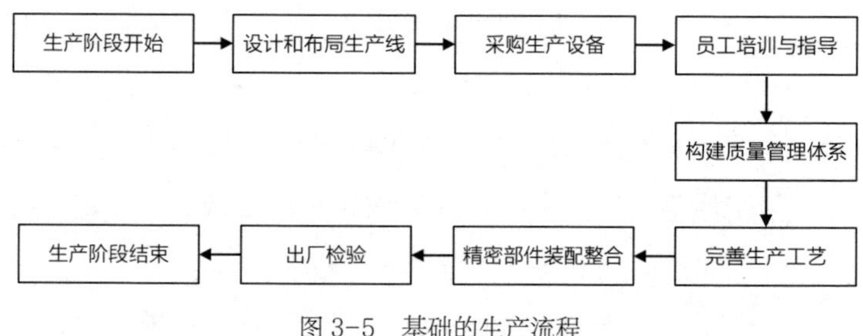

图 3-5　基础的生产流程

9. 销售与售后

在机器人产品投入市场之后，便进入了销售与售后环节。销售不仅是针对产品的交易，还涵盖了销售策略的制定、市场的开拓与渗透、产品的推广与教育、技术支持、维修保养服务、培训与指导，以及用户反馈与产品改进等一系列综合事务。

（1）销售策略的制定。

销售策略的制定应基于目标市场的特点、竞争态势和用户需求等因素，包括但不限于定价策略、销售渠道布局、促销活动设计和合作伙伴的选择等。例如，对于同一款居家陪伴型机器人，在一线城市的养老机构推销和在四线城市的商场里推广，策略肯定是不同的。因为目标人群的消费能力和对科技产品的认知等存在显著差异。

（2）市场的开拓与渗透。

一般来说，可以通过线上和线下渠道同步开展市场推广活动。例如，可以参加研讨会、投放渠道广告、进行社交媒体营销和开展公关活动。当然，具体的推广策略应根据机器人的目标场景和人群来定。如果是面向幼儿的玩具机器人，那么组织或参与较为严肃的研讨会和闭门会议可能不是最有效的推广策略。

（3）产品的推广与教育。

通过编撰详尽的宣传物料、制作演示视频、举办产品发布活动等方式，全面展示机器人的功能、使用场景和独特优势，帮助目标人群深入理解产品的价值。在产品销售之后，拥有一个完善的售后服务体系与之紧密配合至关重要。

（4）技术支持。

如果有条件，应建立专业的客服团队，最好能提供 7×24 小时的技术咨询和远程在线支持服务。

（5）维修保养服务。

提供定期保养、故障排除和维修服务，确保机器人始终维持良好的工作状态。对于出现问题的产品，应承诺快速响应并提供必要的支持，力求最大限度地减少用户的损失。无论机器人的类型如何，维保环节都至关重要，这不仅决定了用户的满意度，也是促进用户复购和树立口碑的关键因素。

（6）培训与指导。

针对不同的用户群体提供定制化的操作培训和指导，确保他们能够熟练地掌握机器人的使用技巧，从而最大限度地发挥产品的功能和潜力。

（7）用户反馈与产品改进。

通过问卷调查、用户访谈和社交媒体交流等途径，积极倾听和收集用户对产品的意见和建议。基于这些反馈，及时对产品进行调整和优化，确保机器人产品始终能够满足市场需求。

3.2 创意与需求：你为什么要制造一台机器人

3.2.1 想法的产生：抓住每一次灵感

个人也好，企业也罢，制造一台机器人最激动人心的阶段往往是想法的诞生——这是一切创新行动的灵魂所在。目标市场和目标人群的确定，以及机器人首要功能的锚定，都始于这个阶段。因此，本节旨在探讨如何捕捉那些稍纵即逝的创意火花，并尽可能地将它们转化为切实可行的计划。

1. 观察生活，抓住细节

日常生活中隐藏着无穷的灵感之源，这背后的逻辑是，既然机器人是被人类发明出来服务生产生活的，那么它自然应与人类的日常生活紧密相连。以水下机器人为例，它们检测光缆、打捞古船，表面上看似是在帮人类做事，内在的逻辑其实是，人类为了提升生活舒适度和探索未知领域而去开拓地球上的各种资源，发明各种设备和技术，水下机器人只不过是这个逻辑闭环里的一个工具，起到延展人类能力半径的作用。它们的底层价值与太空探索机器人和家庭陪伴机器人并无区别。因此，无论是看似普通的洗衣做饭、收废纸壳子，还是陪孩子写作业、为成人提供职业培训、研究天体物理学……都可能隐藏着机器人应用的需求和创新触点。扫地机器人、割草机器人、泳池清洁机器人、太阳能光伏板清洁机器人等的发明，不都是源自人们对某些事情痛点需求的观察吗？再打个比方，当你观察到婴儿在成长过程中，会对功能单一、缺乏互动的传统玩具逐渐丧失兴趣这一现象时，就可能会开始思考如何创造一种既能与婴儿进行有效互动，又能在娱乐中寓教于乐的简易机器人玩具——尽管这只是一个设想。

科技进步的价值来自科技向善的愿望，而科技向善的源头又来自对生产生活中问题的解答和善意的协助。观察生活，抓住细节不仅是为了找到打造产品和争取创业的机会，也是对科技进步与人文需求深度融合的一种洞察和思考。这鼓励着人们在平凡中发现不凡，在细微处勇敢创新。

2. 技术趋势与融合

在研发机器人时，我们必须紧密跟踪科技趋势，并从自己擅长的领域出发，尝试跨领域技术的融合。尽管创新的最终方向还是基于产品定位和市场需求，但关注时代的方向总是没错的。AI 的发展为机器人设计提供了广阔的创新空间，而借助物联网技术，机器人可以与其他智能设备互联，构成完整的智能生态系统，实现更高效的任务分配、资源共享和协同作业。以家用服务机器人为例，通过接入智能家居系统，它们可以更全面地感知家庭环境。

此外，材料学的进步为机器人的设计提供了更多可能性，这一点笔者后续还将详细讨论。新型复合材料、柔性材料、自修复材料等在机器人的结构、动力系统和传感设备等方面均具有应用前景。这些材料不仅能显著提高了机器人的机械性能，增强了其耐用性与安全性，还能促进更多类型的机器人诞生。

3. 案例分析与借鉴

在打造机器人时，深入研究同类机器人的产品和项目，或许会带来一些参考和灵感。例如，通过拆解和分析别人的成功案例，研究其背后的产品理念、技术应用和市场定位，我们可以吸取一些有价值的经验和教训，为自己的设计提供启示。

一方面，要关注他人案例中的成功要素。例如，其如何巧妙地满足了市场需求？在产品设计中加入了何种巧思？在做市场推广时采取了哪些成功的策略？对于不同类型的机器人，应关注不同的评价维度。例如，对于服务机器人，可以观察其人机交互效果和市场反馈；对于工业机器人，可以观察其稳定性和供应链情况。

另一方面，审视行业案例中的不足之处，有助于我们为自己敲响警钟。这种审视既可以是技术层面的，如关注同类产品在续航能力、运动性能等方面的局限；也可以是应用层面的，如深入思考为何有些产品未能满足用户的个性化需求？为何有些产品不能适应特定的环境？通过对这些问题的深入剖析，可能会带来新的灵感，激发新的创意。

4. 创意工作坊与头脑风暴

无论是独立工作还是团队合作，头脑风暴都是有益的。团队内部交流或与同行交流能够带来很多新鲜的视角和经验，有助于我们借助集体的智慧完善机器人产品的开发。在进行头脑风暴之前，建议先明确自身需求，并在交流过程中与他人进行充分的沟通，从不同的视角探讨和分析问题。不要拘泥于现有的技术框架、市场现状和认知局限，要敢于提出大胆假设，甚至挑战既定规则和观念。历史上许多划时代的发明和创新，往往都源自不切实际的设想和艺术创作，正如笔者在第 1 章中所讨论的那样。科幻作品中描绘的飞行汽车、机器人和 AI 助手等，如今正逐渐成为现实。

当团队内部进行头脑风暴时，一定要鼓励团队成员放下顾虑，积极参与。要树立这样一个理念：不论多么天马行空的想法，都有可能带来有价值的灵感。“不怕说错话，就怕不说话”，通过集思广益，挖掘和提炼有价值的创意，可以逐步构建出既具有前瞻性又实用的机器人产品方案。

5. 记录与迭代

当有好的想法时，及时记录灵感往往非常关键。如果不及时记录灵感，之后可能就很难精确回忆了，因为记忆和“感觉”往往稍纵即逝。因此培养随时随地记录灵感的习惯尤为重要，无论是通过手写还是电子设备输入。这些临时记录下来的碎片化思考和初步设想，在经过审视、分类和梳理之后，会经历新陈代谢和整合演化的过程。产品创造者需要结合产品的应用场景和技术可行性，精心筛选和利用这些“养料”，以促进创新思维的成熟和发展。

3.2.2　需求的捕捉：市场永远存在痛点

现在我们将目光转向更为明确的方向——深入挖掘市场需求，将真实的痛点转化为创新的驱动力。

1. 目标人群画像与场景构建

通过对目标人群进行细致描绘，形成画像，可以更精准地理解和预测他们的需求。通过模拟实际使用场景，设想机器人在这些场景中如何发挥作用，进而发掘隐藏的痛点和亟待解决的问题。例如，对于既要持家带孩子，又要做零活补贴家用的家庭主妇，其焦虑和烦恼是与其他人生阶段或家庭条件不错的家庭主妇不同的。一方面，她们分身乏术；另一方面她们又面临着缺乏经济来源的隐忧。机器人能在哪些维度上减轻她们的生活负担或心理压力呢？再例如，养老金丰厚的老年群体，与退休工资微薄且需要帮子女带孩子的老年群体，他们对机器人的需求是截然不同的。目前市面上与养老概念挂钩的机器人，大多停留在笼统的陪伴、看护概念上，对老年用户的画像和生活场景的研究并不细致。技术与产品能否市场化落地固然是现实问题，但作为科技产品，机器人不就应当勇于突破细分需求的难点吗？

2. 数据调研与分析

数据调研与分析是将市场需求从抽象转化为具象的一个步骤，它可以确保机器人产品的设计和研发始终针对需求痛点展开。通过问卷、暗访、一对一访谈、小组讨论等调研方式，可以系统性地收集市场需求情况及相关数据。这些信息的价值在于其来自真实的外部反馈，能揭示市场的潜在痛点和需求。可能存在的问题是，这些信息和需求未必足够典型和普适，因为很多时候，调研难以覆盖足够的范围，无法确保被调研者提供足够真实的观点。经费充裕的企业可以借助第三方专业机构的力量，通过专业、长期、全面的调研尽可能地获取准确的数据与结论。预算不足的个人和团队也不必气馁，通过政府网站、免费的公开报告，以及对典型人群的走访，也能获取一些有效的情报。

3. 行业洞察与竞品分析

在洞悉市场需求的过程中，除了收集用户反馈和进行数据调研，保持对行业发展趋势的关注同样至关重要。例如，研读权威行业报告、关注行业新闻动态和参加专业研讨会。同时，要进行全面的竞品分析，这一点本书会反复提到。竞品分析指对市面上的同类产品进行细致研究，分析维度包括功能特性、技术亮点、市场份额和用户反馈等。通过深入分析竞品，我们可以明确自身产品的可改良之处。例如，提高某些功能点的精度与效率，或增强对代理商的支持力度。

4. 持续迭代与反馈闭环

在产品研发过程中，可以考虑将初步设计的产品投放到市场进行实践检验。这可以通过实施用户试用计划、开展预售活动或邀请目标人群参与早期体验等方式来实现，目的是获取用户的直接反馈和积累原始用户。一般来说，这些反馈不仅要包含对产品功能、性能、易用性等方面的评价，还要包含在实际使用过程中发生的状况和改进建议。

基于上述反馈信息，可以酌情对产品功能和设计进行优化，形成一个持续改进和反馈的闭环流程，即“发现和捕捉市场需求、构思和设计产品原型、投放市场收集反馈，以及根据反馈对产品进行迭代优化”。这样一个动态循环过程有助于机器人产品始终贴近市场。

值得指出的是，在实际操作中，以上几点，尤其是前三点可能会发生一些交叉，它们之间存在着密切的关系，且相互影响。

- 目标人群画像与场景构建通常需要基于数据调研。例如，根据用户的行为数据和行业研究数据等构建的目标人群画像，有助于更好地推进产品落地，以及在竞品分析时更准确地理解目标人群的需求差异。

- 数据调研与分析不仅涵盖目标人群的行为数据，还关乎行业整体规模、市场份额、竞争对手态势等，这正是行业洞察所需要的东西。此外，通过对竞品进行数据分析，还有助于丰富和完善目标人群画像。
- 行业洞察与竞品分析至关重要，它有助于我们从宏观层面理解市场变化趋势和产业发展动向，不仅可以指导我们对目标人群进行更有针对性的策略性营销，还能在竞品分析中找到差异化的竞争优势。

3.3 验证你的想法：这台机器人真的有价值吗

3.3.1 再谈调研：花架子还是一杆秤

在 3.2 节，笔者已经从内涵和一般意义的维度讨论过调研的话题。本节笔者从打造或构想的机器人是否有价值这个角度进一步探讨。从不同的角度反复谈调研，是因为这件事儿是有争议的：有人认为它没用，因为在很多企业，某些事儿做不做、如何做，不取决于调研和相关岗位职能的人的建议，而是取决于老板的喜好。但笔者认为，调研背后的那种务实求真的精神是很珍贵的，这既是对自己的灵感负责，对产品负责，也是对机器人的使用者负责。

本节笔者把机器人新产品分成两类，一类是学术用途，另一类是商业用途。本书很多篇幅都默认在谈论商业范畴的机器人，因为大部分机器人的价值都体现在商业上。但是从验证价值的角度来看，这两类机器人在调研内容上存在差异。

1. 学术用途类机器人

对于学术用途类机器人，其相关的评估标准和方法可能侧重于以下几个方面。

（1）学术价值验证。

学术用途类机器人产品在被制造出来后，往往是为了验证和协助研究某种新技术、新理论或新方法，因此，你可能需要查阅大量文献、走访调研相关领域的研究现状和发展趋势，以证明其创新性和学术价值。

（2）技术可行性评估。

即便非商业性项目，也要确保机器人产品在技术和工程上有可行性，包括软硬件集成能力、算法成熟度、实验环境下的性能表现等。

（3）用户（使用者）接受度和使用场景研究。

出于学术或兴趣目的开发的机器人，用户（使用者）可能只是少数人，但也有必要从用户角度加以审视。例如，对于学术界的同行，可以通过学术会议、同行评审和专家咨询等方式收集反馈意见，帮助评估该机器人的价值。

（4）社会影响力评价。

出于学术和兴趣目的开发的机器人，也有可能带来深远的社会影响。例如，通过机器人促进科普教育和公益等。科普和公益其实有机会为机器人带来社会影响力，包括争取媒体报道机会等。

（5）延续性与发展潜力分析。

对于此类机器人项目，其长期价值也是一项可以考虑的价值评判标准。除了当前的目标，这款机器人在未来还有什么用处？是否有可能在未来转化为商业产品？能否帮助你培养团队、吸引投资、储备技术能力？

2. 商业用途类机器人

对于商业用途类机器人，笔者从以下几个维度阐述调研的验证价值。有些在前文进行过讨论，此处不赘述，例如，目标人群需求价值和竞品分析的必要性。

（1）用户行为与预期价值验证。

市场调研除了要关注用户的需求痛点，还要深挖他们在实际生产生活中与机器人的交互模式，评估机器人是否真的提高了人的工作效率或生活质量。这一点对面向C端人群的机器人企业尤为重要，很多公司骨子里还停留在“把产品卖出去就行了”的阶段，客服只起到最基础的回答问题的作用，没人真的关心产品在用户家里到底起作用了吗？产品和用户配合得怎么样？那些眼花缭乱的创新对用户有实际价值吗？

（2）社会文化适应性评估。

不同背景的人，对机器人的接受度和使用方式可能完全不同。市场调研有助于你了解不同地区、不同年龄、不同价值观的群体对同一种机器人的看法，以及他们期望机器人能在哪些方面发挥价值、具体解决什么问题。出海企业更需要关注这些事项，以确保产品和商业活动都符合目标市场当地的社会伦理、法律规范和文化习俗，以免产品在实际应用中难以被认同。举一个简单的例子：在某些国家的文化中，某些图案和手势是禁忌，因此你的机器人的显示屏就要避免出现类似的图案。

（3）长期可持续性验证。

通过市场调研，你可以预测和评估机器人产品在市场中的持久价值，包括产品的耐用性、维护成本和升级方向，以及潜在的技术演化趋势等。这有助于你判断产品在推出后，是否能够持续满足市场需求并适应外部环境变化。

（4）生态系统建设与协作价值考量。

有时，市场调研还能揭示出机器人产品在更广泛的生态系统中潜在的协同效应和价值增量。例如，你研发的机器人可能是某个产业链条中的一环，那么你就可以思考应如何与上下游产业共同发展，或是与其他智能设备和服务平台整合，共同为用户提供创新性价值。但要做好这方面的评估和落实是很难的，因为大家利益诉求点不同，不同组织间的合作也需要磨合，你需要找到志同道合者共同探索。有时候人对了，事情才能对。

市场调研不仅关注产品本身的特性和功能、产品好不好卖、如何卖好，还有助于你看清用户、社会、技术环境乃至整个生态系统之间的动态关系，从而全方位、立体化地评估并验证产品的真正价值。

3.3.2　尊重市场就是实事求是

如何明智而审慎地对待调研结果，并将其扎实地融入机器人产品的设计与开发进程中？这里面的核心思想就是“尊重市场就是实事求是”。

市场调研所提供的数据和信息，就如同一面透视镜，以相对客观公正的方式反映着市场情况，揭示了市场需求本质及未来发展趋势。但是，有多少人认真看待和执行了调研工作？在设计和开发机器人产品时，又有多少人（尤其是老板）能抛弃过度主观的猜想和过于自信的臆断，以实事求是的精神去做事？当然，市场调研绝不是万能的，但必须承认，即便天才也理应尊重市场的基本规律和人们内心的真实需求。这意味着，从某种意义上讲，尊重市场本质上就是诚恳接纳市场调研给出的结论和建议，以务实的精神适时调整产品定位等一系列事务。

假如市场调研结果显示，某项机器人功能无法解决目标人群的燃眉之急，或者市场对该类功能的需求已经趋于饱和，那么即便你再喜欢它，也应该舍弃，而后重新排列组合各项功能，寻找未曾涉足的市场缝隙。尊重市场就是坚持从实际情况出发，依据市场反馈持续优化和迭代产品，确保产品始终紧贴市场需求，从而实现价值最大化。

实事求是这一原则应当根植于你的整个商业策略的构建中，成为指导决策的基本原则。市场调研所得的数据、产品成本的估算、产品使用体验，以及目标市场对定价的接受度分析，共同决定了你的盈利机会和具体的商业模式。例如，笔者的一位朋友曾做过一款小机器人，本来雄心勃勃地在线销售，结果试了两个月发现电商销售惨淡，完全亏本。后来无奈，只能去商场门口摆摊，却意外获得好评无数。重新做了调研之后发现，由于资金有限，工业设计方面跟不上，这款产品外表可谓丑陋，价格也不便宜，在网上很难吸引人。而在现实中说服孩子们试玩后，大家发现“这小玩意儿还挺有意思！能跑能变形还能哇哇叫！”家长很愿意为这个价格买单。于是，这位朋友开始开拓线下阵地，虽然谈不上发财，但至少卖出去不少……

因此，无论是产品投入市场之前还是之后，实事求是的精神应一以贯之，要密切关注市场的实时反馈，建立高效的反馈收集与处理机制，及时捕捉产品在实际应用中存在的问题和潜在改进点。唯有坚持“实践出真知”，才能有效地进行产品迭代和优化，持续提升产品的性能、功能和使用体验。

3.4　产品规划

3.4.1　产品目标

在经历了前期的灵感萌芽、市场调研、对创意想法的验证和对市场需求的洞察后，就可以开展明确而具体的产品规划工作了。其中，产品目标的确立可以算作第一步，它就像指引人前行的人生梦想，为机器人设计与开发团队提供了导向和愿景，同时在很大程度上决定了产品的形态、功能、市场定位等诸多方面。

本节介绍如何科学合理地设定产品目标，使之既符合市场需求，又富有创新性和前瞻性。在这一过程中除了有对需求的深入挖掘，还有对技术可行性的严谨评估和对市场竞争力的准确把握，以及对经济效益的合理预测等。本节笔者还将介绍如何通过 SMART 原则来制定具体、可衡量、可落地的产品目标，确保机器人项目能稳妥推进，直至实现从概念到实体、从车间到市场的跨越。

在确立机器人产品目标时，可以考虑以下几个因素。

1. 功能性目标

确定功能性目标，意在明确机器人应具备的核心能力。例如，用在工业制造领域的工业机器人，需要具备自动化的生产线作业能力（如精密组装、物料搬运）；服务机器人的基础功能性目标，可能包括复杂的人机交互能力（如语音识别、情绪感知和对话理解）；在无人驾驶或物流配送场景，自主导航、避障和环境感知等功能性目标比较关键。

2. 性能目标

性能目标主要用来反映机器人在执行任务时的一些具体能效指标，直接关系着产品的技术水平和竞争力。

（1）速度目标。

速度目标指机器人在执行动作和任务时预期达到的速度。例如，在生产流水线工作的机器人，作业速度与产线产能挂钩。当然，其速度往往可以调整。

（2）精度目标。

机器人在工作过程中能够达到的精确度。对于用在精密制造、医疗手术等领域的机器人来说，精度的概念很值得一提。

（3）稳定性目标。

这里强调的是机器人在长时间运行下的可靠性与一致性。减少故障率和维护成本是一项显而易见的重要任务。

（4）能耗目标。

未来，能源可能成为科技发展的瓶颈所在。由于机器人的驱动离不开能源，因此节能水平或许会成为评价机器人性能的一个重要指标。这一点无论是对电池供电的移动机器人，还是需要长期连续工作的固定式机器人，都是如此。

3. 目标人群体验目标

简单来说，就是人类与机器人协作和交互时的感受如何。这涉及人机交互（界面）的友好性、操作流程的简洁性等。例如，有的服务机器人脸部或胸前是一块大屏幕，用户界面简洁直观，当人们无法通过语言与机器人交流时，可以点击屏幕和机器人交互。其实这是确保（或者说弥补）用户体验的一种有效途径。

如何设定产品目标呢？其实还是要紧扣以下几点。

1）整合前期调研成果

- 对前期市场调研数据进行深入分析，识别和归纳潜在目标人群的核心诉求与痛点。
- 分析市场机会，评估市场规模、增长潜力、竞争态势和技术发展方向，寻找产品进入市场的切入点。

仍以从做电商改成摆摊的朋友为例，他明明是博士，为何创业时不选择研究高精尖机器人技术，而是去做没什么技术含量的玩具机器人呢？因为他前期调研过，认定做“高大上的东西”意味着要受制于投资方，而做点“没人看得上的小玩意儿”先赚钱反而有机会出“奇”制胜，结果也证明了他的想法是有道理的。他就是研究和尊重了调研结果，不可谓不聪明。

2）明确核心价值主张

你的产品和竞品的区别是什么？能用一句话讲清楚吗？面对激烈的市场竞争环境，独特的价值和务实的服务是立足之本。

要确保核心价值主张与企业的使命、愿景和价值观相吻合，要体现产品在公司整体战略框架中的位置和意义。即便你自己单干，也要和你标榜的人设相吻合。

3）制定量化目标

对产品的各项特性、性能参数、用户体验指标等设立具体、明确、可测量的目标值。例如，可以为家用机器人设定易用性评分、清洁指标达标率、续航时间、错误率低至某一数值等目标。

4）平衡各方诉求

在设定产品目标时，要兼顾多个方面。例如，既要坚持以用户为中心，确保产品能够满足用户的真实需求，又要考虑技术实现和工程落地的可行性，即不能设定超出当前能力的目标。

结合商业模型和财务预测，设定合理的成本控制目标和盈利目标，确保产品能够为企业带来可持续的经济效益。当然，如果你是一个人或初创团队，就不用这么复杂了，只要别入不敷出就可以。

5）运用 SMART 原则

（1）具体（Specific）。

设定的每个目标，都应是具体而非模糊的，要达成的结果及其对应的实现路径应该是清晰的。

（2）可衡量（Measurable）。

目标应尽可能可量化，或至少能通过某种方式来评估其进展和结果。

（3）可达成（Achievable）。

再次强调，无论是何种目标，都应基于现有的资源和技术条件设定，也就是说，虽然具挑战性，但经过努力可以实现。

（4）相关性强（Relevant）。

目标应与产品战略、市场需求和企业整体目标紧密相关，要确保投入产出的有效性。这一点同样值得反复强调，因为很多企业的产品、战略、品牌、采购和工厂管理等都是脱节的，毫无整体战力。

（5）时间限定（Time-bound）。

为每个目标设定完成期限，以便团队有明确的时间表，便于跟踪进度和调整计划。

6）持续迭代与优化

在产品开发过程中，特别是在原型测试、用户反馈和市场反应阶段，产品目标很可能会发生变化。这类似于一个人的人生理想，随着阅历的增加和际遇的变化，理想可能会发生改变。做机器人也是如此，需要根据实际情况进行动态调整。某个你曾认为用户必需的功能，可能在短短一周内，就因为某项技术的突破而变得不再重要了。

3.4.2 商业目标

商业目标是机器人产品规划中的另一重要维度，它不仅关乎产品成功与否，也衡量着产品的市场表现和经济收益。在产品规划中，商业目标与产品目标应相辅相成、紧密相扣，共同推动产品的商业化进程。

下面先来谈谈商业目标的内涵。

1. 市场份额目标

这一目标旨在明确产品在特定时间内，预期在目标细分市场中占据的份额大小。这既反映了产品的竞争力水平，也是衡量产品在同行业竞争中地位变化的一个标尺。

2. 营收与利润目标

如果是刚开始做机器人，则可以不用考虑那些复杂的财务指标名词，先设定两个指标即可：一是预期的销售收入，二是净利润目标。也就是说机器人在卖出去之后能收来多少钱，扣掉成本以后还剩多少钱。这里说的成本，指产品生命周期内的一切成本，包括研发成本、生产成本、营销成本等，并在此基础上设定净利润目标。机器人的打造者要时刻提醒自己做产品要带来持续、稳健的经济收益，促进资本的良性循环和可持续发展（即便是纯学术性和兴趣使然的机器人发明，也要考虑基本的投入产出比）。

3. 用户获取与用户留存目标

这一目标聚焦于触达和获取目标用户群体，并维持现有用户的黏性，从而不断扩大拥趸规模和活跃用户数量。针对不同的人群，需设计有针对性的市场推广方式和用户服务策略，与产品一起“打市场”。同时，通过强化售后服务和建立会员体系等方式，巩固产品在市场中的占有率。具体如何做在本书的后面会略做探讨，此处只想强调一点：任何营销工具和方式都不是核心所在，核心依然是明确上述目标，以及明确真正的“衣食父母”是谁，还有影响他们决策的人又是谁。

4. 战略与品牌建设目标

机器人产品的成功推广，不仅仅是为了短期的销量增长，更重要的是它有助于提升企业（或个人）的整体品牌形象，并配合整体战略（如企业经营战略）的实施，最终能够高质量地促进产品力的升级。战略和品牌力是两大块专业内容，本书不做细致的展开。此处笔者提出一个扼要的观点：无论是企业还是个人，其整体战略都应当引领品牌战略和产品战略，并且这三者应该是相互交融、相互促进的。从产品视角看，在产品构思早期就应考虑到整体战略的贯彻和品牌力精准扩大的问题。整体战略、品牌战略和产品战略间的关系如图 3-6 所示。

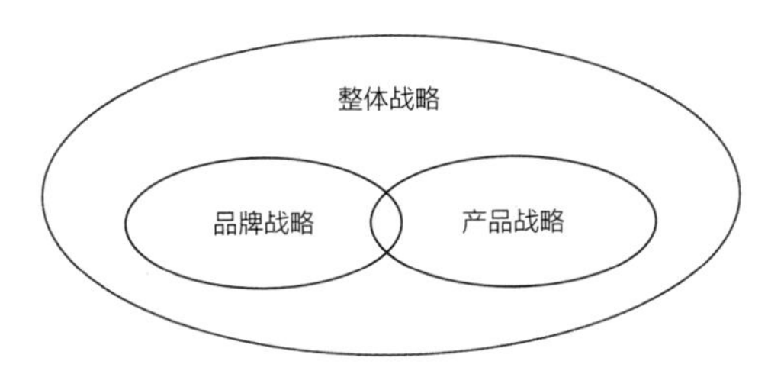

图 3-6　整体战略、品牌战略和产品战略间的关系

在设定商业目标时，应充分考虑以下事项（其中一些内容会在

本书的不同章节中出现。实际上，许多事物的底层逻辑都是相通的，而核心要素往往只有少数几个关键点）。

1. 定价策略

定价策略影响着产品的市场接受度、销售业绩和企业营收。在规划机器人产品时，制定恰当而巧妙的定价策略需要综合考虑多个因素，包括产品自身特点、对竞争对手的分析、目标用户的支付能力与心理预期等。下面对这几点稍加分析。

首先，通过前面的工作，已经大体确立了产品特点和市场定位，在此基础上，即可开展价格维度上的竞品分析，提供定价参照基准。通过对竞品进行定价分析，有助于搞清楚市场目前的竞争格局，从价格维度找出自身产品的优势与劣势，据此确定更合适的市场定位策略，并在定价时参考竞品的价格区间，确保产品的价格竞争力和市场吸引力。

其中，目标买单群体的支付意愿、决策流程对制定定价策略十分关键。To C 的用户和 To B 的用户在决定购买和付诸行动方面完全不同，前者以个人或家庭按需、按兴趣决策为主，涉及金额较小、支付速度较快；后者牵扯的金额大，往往需要冗长的评估和多人参与讨论才能最终签合同。因此，在给机器人定价时，要深入了解目标群体的消费习惯、决策周期、购买力水平，以及对机器人产品价值的认知，制定出既符合买方心理预期，又有助于实现利润目标的价格策略。定价过高或过低，都可能导致产品难以渗透市场，进而影响商业目标的实现。

2. 渠道与合作关系的建立

构建商业目标还要考虑销售渠道的开发与扩展、合作伙伴网络的建立与巩固，以及分销渠道的布局与管理等。机器人销售渠道与合作关系建立的基本框架如图 3-7 所示。当然，这还是要看产品的目标人群和整体经营策略。如果是玩具机器人，那么可能只需要专注于电商渠道的运营即可，但学习线下渠道开拓的知识也绝不是坏事。假如缺乏渠道方面的经验和资源，则可以先尝试划定一个时间范围，要求自己和团队在这个时间段内达成目标任务。例如，成功接触若干有影响力的零售商、代理商或经销商，以及成功与其中几家达成初步合作意向。

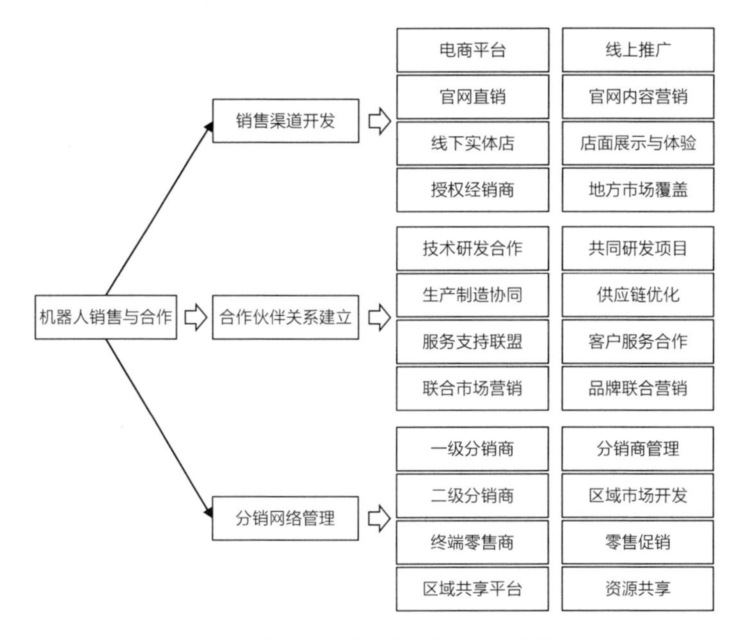

图 3-7　机器人销售渠道与合作关系建立的基本框架

当发展到一定阶段，可能需要兼顾线上和线下的市场布局——

既要明确线上电商平台、官网和其他数字平台的传播范围和销售目标，又要设定线下实体店、直销中心或授权专卖店等的数量和分布区域，还要更加精细化地管理代理商或经销商，甚至需要使用数字化工具。例如，用软件统一他们和总部的CRM系统，将商机、获客、订单、制造和物流全部打通。至于分销网络的建立，也是一件需要酌情推进的事。在理想情况下，一个覆盖面广、响应速度快、服务质量高的分销体系当然大受欢迎，但培育出默契可靠的一级分销商、二级分销商乃至终端零售商并非易事。从商业目标设定的角度来说，应明确分销网络的覆盖城市数量和地区分布情况，以及单个节点的销售能力等具体指标，以确保产品能顺畅地从品牌方传递到市场。

确立其他合作伙伴关系是商业目标中不可或缺的一部分。传统意义上的销售伙伴固然重要，但也应当特别关注扩展技术研发、生产制造、服务支持等领域的合作机会。尝试明确在特定时间内，与那些具有互补优势的组织和个体建立合作关系，通过资源共享、技术互换、联合营销等方式，共同提升产品竞争力和市场影响力。

3. 成本控制与规模化生产

成本控制与规模化生产在实现商业目标的过程中，占有举足轻重的地位。企业要在保障产品质量的前提下采取严格的成本管理制度，对机器人产品的设计、原材料采购、生产加工、质量检测、仓储物流、售后服务等各个流程环节进行精细化成本控制，确保在每个阶段都能有效压缩开支，提升资源利用率。在设定商业目标时，建议首先考虑应如何掌控成本？同时，评估现有的成本管理方式是否足以支持实现预期的商业目标？

在产品生产阶段，规模化生产是降低单位成本、提高整体利润率的有效途径。如果是做企业，那么可以酌情考虑提升生产线的自动化水平，按需改进工艺流程，在条件允许的情况下引入更先进的生产设备和技术，实现批量化、标准化生产，降低单件产品的成本。

此外，供应链管理是永远应当记在心头的大事。与供应商建立长期合作关系，一般能让原材料采购成本控制得比较好。同时，贯彻精益生产理念，有助于减少浪费、提高生产效率、进一步压缩生产成本。在3.4.3节将对供应链管理相关话题进行深入解析。

4. 长远发展规划

人们往往容易忙于处理眼前的具体事务，然而，商业目标的设定不仅应关注短期的商业成功，还要着眼于未来，思考中长期的发展。长远规划应涵盖多个维度具体如下。

首先，关注产品线的拓展。最好能根据市场需求和技术趋势（这也是市场调研的价值之一），规划具有长期竞争力的机器人产品系列，甚至考虑以丰富的产品矩阵满足多元化市场需求，逐步构建难以复制的产品生态体系。当然，这很难，对于刚开始涉足机器人领域的新手来说更是如此，但这的确是一个值得深思的发展方向。

其次，在制定商业目标时，如果力所能及，可以设置特定时间节点，“逼迫”自己实现一定的技术突破，申请一定数量的专利，以保持在所处的机器人赛道里领先。这也是为了通过技术革新驱动产品的升级换代，打造“学习型产品”。

然后，商业目标应包括国内外市场的渗透计划，包括未来如何进入新的市场区域、新的目标行业，甚至是跨界发展。但需要注意的是，产品未必卖得越多越好，市场也未必占得越大越好，它们应与认知边界、管理能力、供应链状况、市场大环境等相关，不要做贪大求全的事，以免失去控制。

最后，商业目标应当能激励个人或团队不断提升创新思维和市场洞察力，搭建完善的创新机制和组织文化，激发组织内部的创新动力。当然，最好能把这些通过企业文化、组织机制、管理制度的形式体现、落实和渗透到具体的日常工作中。同时，积极与各类合作伙伴切磋，寻找创新方面的利益共同点，结合产业联盟、科研合作等形式，加速将科技成果和创新灵感转化为生产力和营收。

5. 风险评估与应对策略

在规划商业目标的过程中，有一点不能忽视，那就是对潜在风险进行评估并制定有效的应对策略。这里所说的风险覆盖面很广，包括但不限于市场竞争环境的蝶变、技术革新的加速、政策法规的调整和社会民众心态的变化。

在对市场竞争进行风险评估时，要密切关注市场动态、研判行业趋势，跟踪竞争对手战略布局与技术创新，推演市场竞争态势，并据此制订相应的产品差异化策略、市场定位调整和品牌宣传计划。

技术更新换代同样可能带来危机，建议选择与自身战略相匹配的技术进行提前布局，并适当投入研发资源，以确保产品技术始终处于行业前列。同时，制订灵活的技术路线图和研发计划，以便当技术发生重大变革时能快速响应，调整产品设计方案。

对于政策法规变化带来的风险，应对策略也是类似的。需要加强与政府关系团队的合作。这包括加强对政策法规的研究和解读，这是一项在日常工作中应持续进行的任务，甚至应当基于这些研究形成公司内部智库。一旦相关政策有所调整，便迅速利用平时的研究分析，做出合规调整，避免因违反法律法规而产生某些状况。同时，积极把握政策导向，顺应国家和地区产业政策的扶持方向，借助政策红利推动产品的市场化进程。

商业目标与产品目标密不可分，二者相辅相成。在产品规划阶段，无论是对产品功能、性能指标的设定，还是对用户体验的追求，均与商业目标的实现息息相关。产品功能的完善与创新，不仅能满足市场需求，还能提升产品的核心竞争力，吸引更多关注，并扩大市场份额。性能目标的达成，能确保产品在落地应用中的表现，以赢得市场信赖、树立口碑和品牌形象。好的体验设计能够提高用户满意度和忠诚度，促进产品的口碑传播，进一步拉动销售增长。因此，在产品规划阶段，应同步设定并有机协调商业目标与产品目标，确保产品目标的实现能有效支持并推动商业目标的达成。

商业目标不仅是产品规划设计的最后一步，也是衡量产品成功与否的关键。明确的商业目标能帮助你和你的团队持续改进产品设计、生产制造、市场营销等环节。同时，商业目标的成功实现也将反哺产品目标的优化迭代，形成良性的闭环。在下面的两个小节里，笔者将基于前面的认知，对一些细节之处展开探讨，以帮助机器人爱好者和行业新人更具体地了解机器人产品规划的全貌。

3.4.3　差异优势

在明确了产品目标和商业目标后，在产品规划阶段，另一关键步骤是思考产品的差异优势。差异优势是区别于竞品的核心特质，它赋予了机器人产品独特的市场价值和竞争力。本节将探讨如何设定和发挥产品的差异优势。

1. 技术创新与功能差异化

技术创新与功能差异化是塑造产品核心竞争力的关键因素，是从技术层面发掘和塑造产品的创新亮点。例如，充分利用先进的传感技术（如高精度激光雷达、视觉传感器、力学传感器），实现对环境的精准感知和实时响应；深度融合最新的 AI 技术，利用深度学习、自然语言处理和机器学习算法等的新成果，确保产品在智能化和自动化层面处于行业领先水平。

假如正在打造的是一款面向教学场景的服务机器人，且同类竞品在同等价格水平上无法实现教师们所需要的精准移动，而你有信心在不增加各类成本的前提下通过 SLAM 等技术实现相对精准的定位和路径规划，那么显然你就具备了一定的优势。

当然，实现技术创新与功能差异化并不容易，但如果从实事求是的市场角度出发，也没那么难。例如，市面上有些玩具类机器人其实并无先进的技术应用，其移动也只是简单的通过 App 遥控罢了，但它们却能拥有一定的用户基础、发挥了科普价值。通过它，孩子们可以快速了解机器人的编程原理，实现寓教于乐的效果。这就是创业者通过对细分需求的发掘，巧妙地切入了市场。其中所耗费的心神和探索成本，未必比那些高精尖的技术研究少，而且同样体现了商业逻辑和技术应用的创新。

2. 使用者体验优化

机器人使用者对机器人的体验感，既反映了市场对产品的印象，也影响了机器人在日常工作中与人协作的效率。机器人使用者和购买者（使用者和购买者可能不是同一人群，如银行服务机器人的使用者是大堂经理和来银行网点办事的人，而购买者是银行的领导层）的需求本质、行为模式和对产品及服务的期望值各不相同，要确保产品设计和功能的实现围绕市场最关心和最需要的点展开。例如，前些年有些法律服务机器人曾尝试过这样一个功能：帮法律工作者获取外地的文件。以往这个操作需要本人到当地去取。这个功能就让不少法律界人士体验很好，给机器人在法律领域的应用带来了良好的启发。

在产品设计阶段，应着重关注交互界面与操作流程的人性化设计。也就是说，无论是在软件层面的用户界面设计，还是在硬件层面的操控逻辑设计，都需要尽可能简化操作步骤，让人能快速上手并熟练使用。力争使用直观易懂的图形化界面、简洁明了的指令集和高度集成的功能按键。

此外，增强产品的个性化定制功能，也是提升用户体验的重要途径。如果用户可以根据自身的偏好和实际需求自由设定机器人的功能选项、外观风格甚至是行为模式，那么机器人就能更自然地融入各种实际场景中，满足用户多样化、个性化的需求。消费级机器人产品尤其应当注重这一点。

体验的很重要的一个维度是服务质量。当用户遇到产品问题时，能不能迅速给出解决方案？服务态度怎么样？替用户着想了吗？配件更换跟得上吗？有没有专业可靠的维保团队？表面上看这些与产品本身关系十分松散，其实都是产品力的延伸，会直接影响别人对产品和品牌的印象。

3. 应用场景中的独特性

这一点极具挑战性。当你的产品和友商的产品处于同样的应用场景时，你的产品的优势何在？你能发现别人看不到的需求痛点吗？即便能看到，你有能力解决吗？稍有从业经验的人都懂得要针对特定应用场景的某些独特性，进行深度挖掘和定制化设计，以确保机器人产品可以实现既定产品目标和商业目标，可是又有几人真的能做到呢？标准化与定制化之间又该如何平衡呢？因此，要持之以恒地深入研究并专注于某一特定领域的市场需求、行业规范和市场趋势，从而从宏观到微观全面地理解市场需求。这不仅仅是产品职能要做的，也是整个团队的努力方向。很多机器人产品号称自己有创新，或是独具特色、实用性强，其实只是为了融资和股价而实施的假性创新。那些叠加的功能，市场真的需要吗？对机器人产品和技术的长期发展又有何助益？

下面列举两个案例，是两位和作者交流过的机器人创业者设计并实施的产品思路，是他们在前一版产品基础上的升级。从中可以看出他们在打造和改良机器人产品时，是如何注意提升自己的机器人产品在应用场景中的独特性的。

案例一：农业采摘机器人

（1）智能生长监测与预测采摘。

除了常规的果实识别与定位，还给机器人配备上了可靠的高光谱成像和 AI 算法，可实时监测作物生长状态、营养水平和成熟度，并结合气候数据预测最佳采摘时间，实现精准采收。

（2）生物力学仿生抓取。

借鉴生物力学原理，自主研发了具有仿生关节、柔软触感的新型抓取装置，这样不仅能适应各种形状和硬度的果实，还能在抓取过程中模拟自然摇晃，减少果柄断裂等现象的发生，进一步降低采摘过程中的损失。

（3）环境适应性与生态友好性。

第二代机器人采用了太阳能充电与节能设计，减少了对农场能源体系的依赖。此外，配备土壤湿度与养分检测模块，根据检测结果提供灌溉与施肥建议，以减少资源浪费。

案例二：养老陪护机器人

（1）个性化健康干预与康复训练。

机器人结合大数据与 AI 算法，根据老人的身体状况和生活习惯，定制个性化的饮食建议、运动计划和康复训练方案。同时配备虚拟陪护功能，通过 AR（增强现实）技术演示动作，引导老人进行正确锻炼。

（2）情感智能与心理疏导。

更深入地融合情感识别与自然语言生成相关技术（考虑大模型 + 硬件的未来机会），强化机器人理解和回应老人情绪的能力，并让机器人能够主动发起情感交流，分享积极向上的故事，帮助老人做心理疏导，缓解孤独感，维护老人的心理健康水平。此外，机器人会定期生成情感报告，为家人和专业护理人员提供建议。

4. 服务模式与商业模式创新

对于一些小企业来说，提供更灵活和及时的服务是它们和大型组织争抢市场的手段之一。事实上，除产品本身的功能特性外，服务模式与商业模式创新是构成企业间差异优势的重要方面。既然是创新，就没有一定之规。下面笔者抛砖引玉，提出几个建议。

（1）订阅制服务与灵活付费模式。

提到订阅制服务，人们通常会想到软件行业，那么在机器人领域可以采用订阅制服务吗？行业内确实有人这么做，他们试图将一次性购买转化为周期性付费，用户可以根据实际使用需求选择不同等级的订阅套餐，享受持续的软件更新、技术支持和功能升级——就像特斯拉汽车那样。这样做的好处是降低了厂家的初期投入门槛，使更多人能够尝试和接纳其机器人解决方案。此外，可以考虑引入按使用量计费、按效果付费等更为灵活的收费模式，进一步与买方的业务成果紧密挂钩，确保双方利益始终高度一致。当然，这里有很多实际问题。例如，不同类别的机器人功能各异，未必适合这种模式。此外，要考虑用户使用机器人的具体场景，并评估厂家是否具备强大的软件能力。

（2）设备租赁与共享经济模式。

对于资本密集型的机器人设备，如大型工业机器人、高端医疗机器人、商用清洁机器人等，租赁模式在理论上可以提供显著的成本效益。对于客户来说，无须承担高昂的购置成本和折旧风险，只需支付租赁费用即可拥有最新设备的使用权。与此同时，品牌方、经销商或租赁公司负责提供设备的保养、维修与升级，减轻客户的运维负担。此外，共享经济理念亦可部分引入机器人行业。例如，建立区域性的机器人共享平台，让多个用户按需、按时共享同一台设备，有效提高设备利用率，降低单个用户的使用成本。

租赁模式的问题在于，随着机器人使用年限的增加，折旧、定期维护保养、零部件更换及突发故障维修等成本可能会逐渐积累，给财务状况造成很大的压力。此外，业内的技术更新换代速度如果较快，那么短租赁期可能导致频繁的设备更新投入。长租赁期则可能导致产品过时，影响用户续租意愿，更不要说还要考虑定价因素。平衡租赁周期、技术更新节奏和定价问题并不容易。

用户可能因经营困难、市场波动等原因而难以支付租金，存在产生坏账的风险。因此租赁合同的严谨性就很重要，这涉及复杂的法律条款，包括设备归属权、损坏赔偿、提前解约、保险责任等。在租约到期后，需要收回设备进行翻新、维修或处置。

在设备回收过程中，可能会产生运输、存储、处理等额外成本。设备状况各异，翻新标准难以统一。如何高效、低成本地处理回收设备，实现资产价值最大化是一大难题。为了提供租赁服务，厂家可能需要建立一个覆盖面广的服务网络，以提供及时的设备安装、调试、维修和升级等技术支持。这对于地域分布广泛的用户群尤其重要，而构建和维护这样一个复杂的服务体系需要投入大量的资源。

（3）一站式解决方案与全生命周期支持。

为了满足市场对便捷性和集成化服务的需求，机器人供应商可以考虑提供力所能及的一站式解决方案，涵盖从前期咨询、产品定制、系统集成、安装调试到后期运维、培训支持、升级换代等机器人全生命周期支持。这种打包式服务不仅简化了用户的采购流程，确保了整体系统的兼容性和优化配置，还通过提供专业的项目管理与技术支持，帮助用户快速实现项目落地与价值最大化。但这对于机器人供应商的企业管理、执行效率提出了很大考验。现在大多数机器人企业在形式上是“一条龙服务”“全套解决方案”，但实际上各个环节之间的“部门墙”很厚，并没有真正打通。客服收到的市场反馈，能和市场部无保留交流吗？产品经理和研发人员、采购人员的利益是一致的吗？答案是不一定。这里牵扯到组织架构和绩效考核等一系列问题。

（4）数据驱动服务与增值服务。

利用机器人收集的大数据，厂商可以开发出基于数据分析的增值服务。例如，提供运营优化建议、产能预测和能耗管理等咨询服务，帮助用户借助数据洞察提升业务效率。这一点在本书的后面会做进一步扩展探讨。

5. 品牌价值与社会责任

在机器人产品的竞争优势中，品牌价值与社会责任的塑造同样重要，二者相辅相成，编织起品牌的情感纽带，提升了目标人群对产品的认同感和忠诚度。这也是每个组织、每个个体形成难以复制的竞争力的方式之一。下面对与品牌相关的话题做一些探讨。

（1）构建独特的品牌形象与品牌价值。

品牌价值的构建应始于明确且独特的品牌形象与价值主张，这与一个组织或个体的整体战略息息相关。从产品的角度讲，深入挖掘机器人产品的核心价值、差异化特征和其能为用户带来的独特价值很有必要。品牌价值应清晰地传达该产品是如何帮助人们解决问题、提升生活质量的，并简要地展示为何大家应选择该品牌而非其他品牌。

（2）传递品牌故事与情感共鸣。

品牌故事是将品牌价值具象化、情感化的重要手段。通过讲述品牌起源、发展历程、成功案例等，赋予品牌鲜活的生命力和情感内涵，让目标人群在了解品牌故事的过程中产生共鸣，进而建立情感连接。品牌故事应与价值主张紧密契合，强调品牌如何坚守承诺、不断创新，以及在推动产业进步中所扮演的角色等。

（3）强化社会责任感与品牌使命感。

社会责任感是构成品牌特质的要素之一。可以在战略定位、品牌内涵、产品目标和商业目标描述中，明确表达机器人产品在社会、环境、伦理等方面的立场。强调机器人产品在节能减排、资源循环利用、减少人力劳动强度、提升公共服务效率等方面的积极作用，并用相关数据加以佐证。例如，采用了环保材料来制造机器人、设计了节能高效的运行机制、提供了有助于减少碳排放的服务功能等。此外，可以带着机器人产品积极参与环保公益活动，表明你对解决社会问题的积极态度，如为特殊人群提供无障碍服务。

（4）品牌传播与互动。

通过多元化的品牌传播策略，如社交媒体营销、内容营销和公关活动，广泛传播品牌价值与社会责任理念，提高品牌的公众认知度。同时，鼓励用户参与到品牌的社会责任活动中来，增强他们对品牌的归属感和忠诚度。有些人认为这样的做法只适合那些 To C

的品牌，但实际上，To B 机器人厂商也应该考虑上述动作，因为客户的服务对象往往是普罗大众，供应商的价值是能够从终端用户的反馈中得以体现的。例如，虽然商用清洁机器人的直接客户是物业公司、商圈和园区，但是商用清洁机器人的直接使用者是普通人。享受它们清洁成果的也是普通人。这意味着对这些商用清洁机器人的价值做出评价的除买单的客户外，还应该包含客户的服务对象。你能说这些普罗大众对你的品牌不重要吗？

6. 综合成本优势

无论是对个人还是对企业，成本都是打造机器人的一大制约因素，也是构建差异化优势、赢得市场份额的关键。想要在确保产品品质和性能的前提下，通过多维度的成本优化策略，实现比竞品更低的总体拥有成本（Total Cost of Ownership，TCO），从而在性价比层面形成竞争优势。

1）优化供应链管理

高效的供应链管理是降低成本、提升效率的重要方式，我们可以通过以下方式优化供应链（尤其适合行业新人查阅）。

（1）供应商的选择与管理。

理想的供应商具备成本优势、稳定的质量和快速响应能力，你可以通过早期参与设计等方式降低原材料成本，确保供应的稳定性。当然，如果你给不了足够的订单量，也不具备足够的品牌影响力，那么可能很难获得供应商的重视和优待。因此，选择适合自己特定发展阶段的供应商是一门学问。

（2）库存控制与物料管理。

如果你刚开始自己做生意，那么建议你尽量减少库存！虽然缺货可能影响收入，但是过多的库存可能直接造成账务损失。同时，如果你有自己的仓库、车间，那么尽可能优化物料流动路径，减少搬运、等待等非增值活动，提高物料的周转效率。

（3）物流优化。

合理布局生产基地与仓库，建议利用先进的物流技术与模式（如自动化仓储、智能调度），缩短运输距离和时间，降低物流成本。

2）提高生产效率

生产效率的提升直接关系到单位成本的下降。

（1）引入先进的生产技术。

引入智能制造、柔性制造和数字化车间，提高设备自动化、智能化水平，减少人工干预，提升生产效率，降低单位产出的人工成本和设备折旧成本。当然，这需要发展到一定阶段才能考虑。

（2）持续改进生产流程。

运用精益生产、六西格玛等方法，发现并消除生产过程中的浪费，有助于提高生产直通率和资源利用率。

（3）提升自身素质。

通过技能培训、知识分享、绩效激励等方式，提升老板和员工的技能水平和格局视野，确保高效、规范、安全地执行生产任务。

3）引入成本节约技术

利用技术创新，降低产品成本，具体如下。

（1）模块化、标准化设计。

减少定制化部件，提高部件的通用性和互换性，降低设计成本，简化生产工艺，从而便于规模化生产。

（2）材料替代与轻量化设计。

选用成本更低、性能相当或更优的材料，或通过结构优化、新材料应用等实现产品的轻量化，降低材料成本和能耗成本。

（3）能源效率提升。

在产品设计阶段考虑能源效率，如使用高效电机、优化能源管理系统，降低产品在使用过程中的能耗成本。

4）全生命周期成本管理

关注产品的全生命周期成本，包括采购、使用、维护、废弃等阶段，通过提供高效能、易维护、长寿命的产品和优质的售后服务，降低用户的总体拥有成本，提升价值感知。

3.4.4 产品定价

在成功设定产品的差异优势之后，产品定价便成为决定市场接受度和盈利能力的重要一环。下面介绍如何科学合理地设定机器人产品的价格，进行有效的价格策略安排。

1. 成本核算与利润率目标

前面谈过了成本的重要性，现在把成本核算和利润率目标放在一起分析。它们是产品规划中的核心环节，直接影响产品的定价、市场竞争力和企业的盈利能力等。

1）全生命周期成本核算

对机器人全生命周期成本进行核算，是制定合理定价与利润率目标的前提。全生命周期成本（Life Cycle Cost，LCC）涵盖了产品从研发到报废的整个过程中所发生的全部费用，具体如下。

（1）原材料成本。

包括直接材料成本（如机器人主体材料、电子元件和传感器）和间接材料成本（如包装材料和消耗品）。

（2）研发成本。

包括研发人员薪酬、研发设备折旧、研发过程中的试验与测试费用、知识产权保护费用（如专利申请和软件著作权登记），以及研发失败的风险成本等。

（3）生产成本。

包括直接人工成本（如生产线工人的薪酬福利）、制造费用（如厂房折旧、设备折旧、能源消耗和质量检测）、物料搬运成本和生产损耗等。

（4）营销费用。

包括市场调研、广告宣传、促销活动、销售渠道建设与维护、销售人员薪酬等。有些时候还包括按客户要求生产的样品与赠品的成本。

（5）运输与仓储成本。

包括产品从生产地到销售地的物流费用、仓储设施租赁费用或建设费用、库存管理费用和货物保险开销等。

（6）售后服务成本。

包括产品的安装与调试、维修保养、技术支持、配件供应、客户培训和退换货处理等所产生的直接和间接费用。

2）利润率目标设定

在对全生命周期成本进行核算的基础上，结合战略目标、市场定位、竞争态势、客户需求及预期的投资回报率等，设定合理的利润率目标。到底怎么算合理呢？对于新手来说，只需记住一点：利润率目标不仅应确保产品定价能覆盖成本，还要能留出预期的盈利空间，以支持未来的持续创新、市场拓展甚至股东回报。

具体来说，在设定利润率目标时，需考虑以下因素。

（1）市场接受度。

产品定价要与目标市场的支付意愿相匹配。如果卖得太贵则不仅没人买，还会影响潜在目标人群对产品的接纳度。所以调研工作要做好。

（2）竞争态势。

进行与竞品的定价策略和市场反馈对比，包括竞品的价格区间、价格变动趋势、促销策略等。对比分析竞品在功能、性能、品牌、服务等方面差异，理解竞品定价背后的原因，为自家产品的定价提供参考，确保自家产品的利润率微妙地处于有竞争力的水平上。

（3）产品生命周期阶段。

新产品在上市初期可采取较低的利润率，以抢占市场份额。随着产品成熟度的提高和品牌影响力的扩大，则可以适当提高利润率。

（4）企业战略目标。

如果你计划在未来五年内优先提升市场占有率，你或许会愿意牺牲部分利润率来吸引客户；如果你急需利润最大化，则可能会设定较高的利润率目标。

2. 价格区间与调节反馈

（1）价格区间确定。

基于市场需求分析和竞品价格调研，确定产品在适宜的价格区间。需要强调的是，要明确清晰地设定产品的价格区间，并厘清为何这样设定。

（2）价格调整与监测机制。

制定灵活的价格策略，应根据市场反馈、销售数据、竞争动态等因素，适时调整产品价格。同时，建立价格效果监测机制，定期评估定价策略对销售额、市场份额、利润等关键指标的影响。

3. 价值定位与心理预期

产品定价不仅是对其经济价值的量化体现，更是对战略、品牌、市场定位和目标人群心理预期的综合反映。

1）价值定位的多维度考量

（1）功能性价值。

专业的买方会考量产品定价是否真实反映了产品的核心功能、性能、技术含量、创新性和售后服务等实质性价值。

（2）情感价值。

产品可能承载的情感连接、个性化体验、审美愉悦感等非物质性价值也是定价的重要考量因素，它们会激发人们的情感共鸣，使其愿意为此付出额外的支出。一些动漫周边和文创商品就是如此。一些扫地机器人品牌推出的和知名文化 IP 联名的产品，也属于这样的尝试。

（3）象征性价值。

高端品牌往往通过定价来赋予买方社会地位、身份认同、稀缺性等象征意义。此时，价格成为一种“社会信号”，能够满足买方展示自我、彰显品位、希望区别于他人的心理需求。这种象征性价值可显著提升市场目标人群的支付意愿。例如，在一些高端商务酒店使用递送机器人，能够在一定程度上提升该场所的科技感。

2）强化目标人群价值认知

（1）产品包装与设计。

精心设计的产品包装和外观，能传达品牌和产品的独特价值主张。包装材料的选择、色彩搭配、图形元素、信息呈现等细节，能直接让人感知到“你或你的品牌到底怎么样”。

（2）内容营销与传播。

运用各种媒介平台（如社交媒体、博客、视频和直播），通过故事化的内容营销，讲述产品背后的研发历程、工艺技术、设计理念、社会责任等，深度揭示产品价值的内涵，帮助市场理解和感知产品的真正价值。但由于内容营销是极其专业的事情，如果你缺乏经验和资源，那么可以在社交媒体上平实地分享自己的创业感悟和产品信息。

（3）口碑与评价。

积极引导和管理来自市场的评价，鼓励满意的用户分享他们的使用体验，形成正面口碑。真实的故事能有力地证实品牌和产品的价值，增加潜在目标用户群体对产品定价的信任与接纳。

3）塑造与引导心理预期

（1）市场教育与沟通。

其本质还是展示产品的差异化优势、技术壁垒、附加服务等价值点，帮助人们理解为何该产品定价高于或低于竞品。

（2）价格定位与品牌建设同步。

确保价格策略与品牌形象、市场定位相一致。高价策略通常配合高端品牌形象的塑造，低价策略则与亲民、性价比高的品牌形象相协调。持续的品牌建设工作，有助于巩固市场对产品定价的心理预期。

4. 价格策略

在产品上市后，价格并不是一直固定不变的，合理运用各种营销调价手段，有助于刺激市场需求。

1）价格调整依据与时机

（1）市场反馈与销售数据。

密切关注市场反馈，包括竞品价格和市场份额的变化等。定期分析销售数据，如销售额、销售量、毛利率和库存周转率，以评估当前实施的价格策略的效果。当价格与市场需求脱节、销售表现不佳或市场份额下滑时，就应该考虑调整价格了。

（2）成本变动。

原材料成本、生产成本、物流成本、营销成本等构成产品总成本的要素可能会发生变动，而这些变动有可能影响营收。但“商场新人”要注意，要不要因为成本变化而调整价格，需要统筹考量。

（3）产品生命周期。

通常来说，产品在引入期、成长期、成熟期和衰退期的价格策略应有所不同。例如，在产品成熟期，有时可以通过降价等手段维持市场份额；在产品衰退期，则可能采取清仓处理。

2）价格调整方式

（1）小幅调整与阶梯式调整。

当市场发生微小的变化或成本出现轻微波动时，可小幅调整价格，避免让市场感到意外或激发友商报复性降价。当成本出现大幅变动或市场环境发生剧变时，则可考虑阶梯式调整，分阶段逐步调整价格，给市场足够的适应时间。这种方式尤其适用于 C 端市场。

（2）差异化定价。

根据产品版本、功能配置、销售渠道、目标群体等进行差异化定价，例如，提供基础版、高级版和定制版等不同版本。

3）营销调价设计与实施

（1）限时折扣与优惠。

在品牌的纪念日、新品上市等节点，推行限时调价措施，激发客户的购买欲望。

（2）组合优惠与捆绑销售。

将相关产品或服务打包销售，提供套餐折扣。例如，将机器人主体与配件、服务合同和延保服务等捆绑销售。

（3）促销与主题活动。

根据你的机器人产品的特性和市场变化，设计相应的促销活动。例如，你做的是教育机器人，那么可以考虑在开学季、暑假等时段推出主题促销活动，吸引目标客户群体。

（4）会员制度。

建立会员体系，提供会员专享价格、优先购买权、专属服务等权益，增强客户黏性。这种方式大家应该都很熟悉，虽然未必每种机器人产品都适用，但给予部分人群“特权”，的确是商业操作中提升买卖双方关系紧密度屡试不爽的方法。

3.5　产品的创造过程

3.5.1　产品设计

在产品规划阶段完成产品定位、目标设定、差异优势分析和定价策略后，接下来进入至关重要的产品设计阶段。机器人产品设计基础流程如图 3-8 所示。此阶段是将理念转化为实物的过程，涵盖概念构思、详细设计、原型制作与验证等环节。接下来，笔者将聚焦于产品设计中的关键环节，并进行深入讨论。

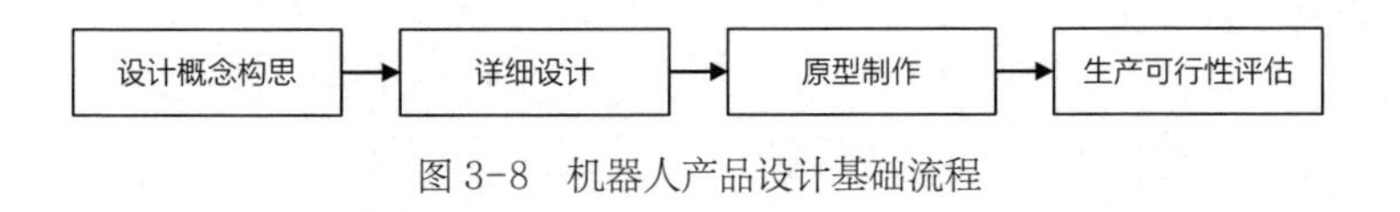

图 3-8　机器人产品设计基础流程

1. 概念设计阶段

基于前面几节提到的内容，我们来看看机器人产品的概念设计。需要不厌其烦地强调的是，不同的操盘手、不同的公司、不同的产品所采用的流程、手法可能区别很大，笔者只是尽量用通俗的陈述和梳理，为机器人爱好者和行业新人提供一些基础信息。

1）草图绘制与故事板创作

可以借助草图绘制与故事板创作，将你心中抽象的产品概念具象化，生动展现机器人产品的外观设计、内部构造、交互流程图与界面原型，以及其在实际场景中的应用情况，即故事板创作。

（1）外观设计。

无论你是否擅长绘图或是否懂得工业设计，都可以大胆地用手绘或软件制作草图，把你心中的产品的造型、色彩搭配、材质质感等描绘出来。当然，如果你想通过制造机器人“正经”创业，那么还是应当聘请专业的工业设计人员或供应商来做设计工作。因为工业设计涉及的不仅是画图，它还与后续的生产等环节密不可分。

（2）内部构造。

你的设计草图应详细展示产品的内部布局、部件之间的关系及工作原理，体现机器人硬件系统的集成和协同，这样可以为后续的工程工作打下坚实基础。

交互流程图与界面原型：通过可视化展示产品的用户交互界面和操作流程，模拟人与机器人的交互过程，确保交互直观、高效，并符合人的作业习惯。

（3）故事板创作。

你可以采用连环画或漫画形式的故事板，把产品置于各种典型的应用场景中，动态呈现机器人在不同使用情境下的行为响应、功能切换及各种难题解决过程。

2）初步技术选型

结合已经形成的产品概念，可以进行技术路线的选择与评估。在理想状态下，所选技术方案应既能支撑起产品功能的实现，又具备良好的经济性和技术可行性。

（1）控制系统选型。

根据你对你的产品智能化程度、响应速度和控制精度等方面的要求，来分析各类控制系统（如嵌入式系统、PC-based 系统和云控平台），选定最适合你产品的控制架构与软件平台。

（2）传感技术选择。

根据你要做的机器人需要感知的环境信息（如距离、位置、姿态和物体识别）及工作条件（如光照、温度和湿度），选择适用的传感器类型（如激光雷达、摄像头、红外传感器和力学传感器），构建合理的传感器配置方案。

（3）驱动系统匹配。

根据机器人的运动特性（如速度、加速度、负载能力和工作空间）、能源效率和静音要求，选择适宜的驱动技术（如伺服电机、步进电机、液压系统和气动系统）和传动机构（如齿轮、皮带和连杆），确保动力系统能稳定、高效地运行。

（4）其他关键技术评估。

通信技术、电源管理、故障诊断与保护机制、安全防护措施等关键技术也需要纳入考量，确保整个技术栈的协调一致与整体优化。

在做完上述步骤后，你就可以在概念设计阶段将奇思妙想和市场需求具象化，为后续的详细设计与工程实现打下基础。当然，具体的步骤和操作，还是要根据你要做的机器人的实际情况来确定。

2. 详细设计阶段

1）三维建模与渲染

在详细设计阶段，就要更深入细节了。你可以考虑借助计算机辅助设计软件，如 AutoCAD、SolidWorks 和 CATIA，对机器人各组成部分进行精细的三维建模。当然，需不需要这些软件，甚至需不需要进行所谓的详细设计，仍然取决于你要做什么样的机器人。如果是出于个人兴趣和某些特定研究用途的，可能并不需要这些步骤和工具。如果需要，那么在这一过程中，建议遵循前期概念设计阶段确立的尺寸、形状、接口等规格要素，确保模型的精确性与一致性。

（1）零部件设计。

对机器人的各部位（包括主体结构、手臂、关节、传感器、执行器、外壳等组件）进行精细化建模，精确到各个零部件的尺寸公差、装配关系、具体结构和固定方式等细微之处，确保零部件之间能够精准捏合，以满足组装及后期维护的需求。

（2）材质与表面处理。

可以在三维模型中指定各部件的实际材料（如金属、塑料和复合材料），并模拟其物理属性（如密度、弹性模量和热膨胀系数）。还可以对表面处理工艺（如喷漆、电镀、阳极氧化和抛光）进行模拟，以反映零部件的真实观感与触感。

此外，可以使用渲染工具（如 V-Ray、KeyShot、Arnold 等）对三维模型进行光照、纹理、阴影处理等，生成逼真的视觉效果。

渲染过程不仅需要关注产品外观的整体美感，还要注重体现材质质感、光影变化、细节层次等元素，以便进行外观评审、市场反馈收集和市场营销材料的制作。

（3）环境设定。

合理设定符合机器人实际应用场景的背景、光源、反射和折射等参数，模拟产品在室内照明、户外自然光、特殊工作场所照明等不同光照条件下的视觉表现。

（4）材质贴图。

为模型添加高分辨率的纹理贴图，如金属拉丝、木纹和布料纹理，进一步提升模型的真实感。同时，精细调整材质的参数，如颜色、光泽度、粗糙度和透明度，力求准确逼真地展现零部件的表面特性。

（5）视角与展示。

生成多角度视图、爆炸视图、截面视图、动画演示等，全方位展示机器人各部分的结构关系、内部布局、工作原理和运作流程，便于设计审查、技术交流和市场宣传。

2）系统集成设计

（1）电气系统设计。

详细规划机器人内部的电气线路布局、接线方式、电气元件选型（如控制器、电源、继电器和传感器），以及电气保护措施（如短路保护、过载保护和接地设计）。绘制详细的电气原理图和接线图，确保电气系统能安全、可靠、高效地运行。

（2）传动系统设计。

设计、优化机器人各运动轴的传动方案，包括电机选型、减速器配置、传动比计算、联轴器及轴承选用等，确保传动系统的高精度、高效率、低振动和较长生命周期。

（3）软件系统设计。

细化软件架构，明确各模块的功能、接口规范、数据流与控制流，编写详细的设计文档。涵盖操作系统选型、嵌入式软件开发、网络通信协议制定、故障诊断与保护算法、AI 算法实现和上位机软件设计等内容，确保软件系统的稳定性、可扩展性和易维护性。

（4）系统集成验证。

可以通过虚拟样机技术，对电气、传动、软件等子系统进行集成仿真，检查各系统间的信号交互、控制逻辑、故障响应等是否顺畅无误。通过搭建与测试实物样机，验证各系统间的物理连接、安装空间、散热兼容性等是否满足设计要求，确保整机系统的无缝集成与协调运作。

3）工程分析与仿真验证

（1）力学分析。

可以用有限元分析（FEA）软件对机器人结构进行静力学、动力学、疲劳强度、振动模态等分析，确保机器人在各种使用情况下的结构强度、刚度、稳定性满足设计要求，预防应力集中、共振等问题导致的失效。如果你做的机器人比较简单，也不打算在市场上销售，那么通过实际摔落测试来评估其耐用性也是可行的。

（2）电路分析。

进行电路原理图的仿真，包括电源转换效率、电磁兼容性（EMC）、信号完整性（SI）、电源完整性（PI）等方面的分析，确保电气系统安全且符合相关电气标准。

（3）热分析。

通过热仿真软件预测机器人在运行状态下的温度分布、热流路径和散热效率，评估散热设计方案的有效性，防止过热导致产品性能下降或毁损。

（4）运动学与动力学仿真。

利用机器人运动学与动力学仿真软件，模拟机器人产品在各种轨迹规划、任务执行过程中的运动性能、关节力矩、能耗等指标，对控制策略、运动规划算法进行验证和优化。

上述工程分析与仿真验证有助于提前发现问题并进行迭代优化设计，确保你的机器人在功能、性能、安全性和可靠性等方面达到既定目标，并为后续制造工作提供详尽的设计文档与数据支持。

3. 原型制作与验证

1）样机制作

（1）手工原型。

在初期，可以采用快速原型制作技术，如纸板模型、泡沫模型和黏土塑形，来快速构建产品的手工原型。显而易见，这类原型成本低、制作周期短，有助于直观地探讨和评估产品的初步形态、尺寸比例等，方便进行早期概念验证。

（2）3D 打印原型。

随着设计的深入，有条件的可考虑用 3D 打印技术制作高精度零部件或整体模型。选择恰当的打印材料（如 ABS、PLA、尼龙和金属粉末），依照设计图纸精确地输出实体模型，以检验零部件的装配关系、尺寸精度、复杂结构的实现可能性等。3D 打印原型尤其适用于验证难以通过传统加工方法实现的设计元素（如内部通道和精密配合件）。

（3）初级工程样机。

再进一步时，可能需要制作包含关键功能部件、具备初步电气和机械集成的初级工程样机。这种样机可以是部分定制零部件与现成组件相结合的方式，实现产品的核心功能，为后续的系统集成和性能测试奠定基础。在工程样机制作过程中，应按照设计图纸进行零件加工、组装和布线等，以确保样机与设计意图保持一致。

2）功能验证与迭代

（1）功能测试。

对制作完成的原型进行一系列系统化功能测试，包括但不限于以下内容。

- 机械性能测试。验证机器人关节运动范围、速度、加速度、负载能力、重复定位精度等机械性能指标是否契合设计要求。
- 电气性能测试。指检测电源供应、控制系统、传感器、执行器等电气元件是否正常，电气系统的稳定性、抗干扰能力、故障自诊断能力是否达标。

- 软件系统测试。主要验证控制软件、用户交互界面、通信协议、算法性能等软件层面的功能是否完整、稳定、易用，能否有效驱动硬件实现预定的任务。
- 环境适应性测试。检查原型在不同温度、湿度、灰尘、振动和电磁环境等条件下的工作性能，以确保产品具备良好的环境适应性。

（2）问题识别与改进。

在测试过程中记录并分析出现的问题，如结构干涉、电气故障、软件 bug 和性能瓶颈，利用故障树分析（FTA）、鱼骨图等方法追溯问题根源，提出针对性的解决方案。有时可能需要对设计图纸进行修改，重新制作或调整原型的部件，然后进行新一轮的测试验证，直至所有关键功能都可以达到预定的性能参数和功能要求。

4. 生产可行性评估

1）工艺流程设计与可制造性评估。

（1）工艺流程规划。

与生产部门和制造工程师紧密协作，将设计转化为具体的生产工艺流程。这包括但不限于原材料采购、毛坯制造、零件加工、组件装配、成品测试、包装入库等各环节的工序安排、设备选型、工装夹具设计、物料流转规划等，并进而形成详细的工艺流程图和作业指导书。

（2）可制造性分析（Design for Manufacturing，DFM）。

简单来说，就是对产品设计进行深度评估，确保其在批量生产条件下的制造效率、质量稳定性和成本效益，具体如下。

- 零件可加工性：检查零件设计是否易于切削、冲压、铸造、注塑等，评估材料利用率、刀具磨损、加工周期等制造成本因素。
- 可装配性：检查零件之间的配合精度、装配顺序、紧固方式等是否合理，避免装配过程中出现错装、难装等问题，降低装配工时与废品率。
- 质量可检测性：确保关键尺寸、性能参数等易于测量与监控，预防质量问题进入下道工序或市场。
- 可维护性：要考虑产品在使用过程中可能出现的各类故障，设计易于拆装、更换、维修的结构与接口，降低售后服务成本。

2）成本核算与优化

（1）成本估算。

一般来说，要基于设计图纸、工艺流程、物料清单（BOM）、工时定额、设备折旧、能耗、废品率、采购成本等数据，用成本会计方法进行详细的成本核算。成本项包括直接材料成本、直接人工成本、制造费、管理费、销售费等。之后形成产品成本报表，为产品定价和成本控制提供数据支撑。

（2）成本优化。

通过成本分析，识别成本组成里的关键环节，寻找降低成本的潜在途径。可能的措施如下。

- 设计优化：例如，通过改进零件设计提高材料利用率、减少加工工序、简化装配过程，降低直接制造成本。
- 供应链管理：本质就是优化你的供应商、管理你的供应商，调整采购策略和库存控制，把原材料与零部件成本降下来。
- 生产效率提升：对于有资本可以投入的，建议考虑引入精益生产、自动化、数字化等先进制造技术；对于资源紧张的，可以通过减少浪费、提高设备利用率、缩短生产周期等方式，降低单位产品的人工成本与设备成本。
- 质量成本控制：强化质量管理体系，不仅要加强质量环节的工作，还要强化生产环节与质量工作的配合度。例如，如果在生产环节缺乏质量意识并浪费了原材料，那么仅靠质量环节去检查和纠正是不够的。只有以预防为主，在产品打造过程中就减少不合格品的产生，才能有效降低返修、退货、索赔等质量损失成本。

3）法规与标准符合性审查

（1）法规遵从性。

遵循产品涉及的国内外法律法规，如产品质量法、消费者权益保护法和环境保护法，确保产品在设计、生产、销售、使用和回收等全生命周期的各环节均符合相关规定，避免法律风险。

（2）标准符合性。

依据国内外相关的产品质量、安全、环保、能效、电磁兼容、通信协议等标准与规范（如 ISO、IEC、EN、GB、UL、FCC、RoHS 和 WEEE），对产品设计进行严格审查，确保各项性能参数、测试方法和标志标识等均满足对应的标准要求。必要时，可进行第三方认证，获取相关证书，提高产品市场准入水平和市场信任度。

3.5.2　部件选择

完成产品设计后，产品的创造过程的下一个关键步骤便是部件选择，其核心任务是根据设计规格书选择合适的元器件、材料和模块，它们将在很大程度上决定产品的性能、耐用性、成本效益及市场竞争力。下面以部分环节为例进行说明。

1. 元器件与材料清单制定

1）需求梳理与组件识别——确定所需元器件与材料

产品设计完成后，进行部件需求梳理工作。根据设计要求，系统性地识别和列举所需的各类电子元器件、机械部件、材料及其他相关组件，如下所述。

- 电子元器件：控制器（如 MCU、DSP 和 FPGA）、传感器（如光电、力学、声学和环境）、执行器（如电机、气缸和液压元件）、电源模块（如开关电源、电池组和充电器）、通信模块（如无线模块、有线接口）、存储器、电阻、电容、晶体管和集成电路等基础电子元件。
- 机械部件：包括传动部件（如齿轮、轴承、丝杠、皮带和链条）、结构件（如骨架、支架、外壳和面板）、运动单元（如关节、滑轨、导轨和连接件）和紧固件（如螺钉、螺母、销钉和卡扣）等。
- 材料：包括金属材料（如铝合金、不锈钢和碳钢）、非金属材料（如塑料、橡胶、陶瓷和玻璃）、复合材料（如碳纤维和玻璃纤维增强复合材料）和特殊材料（如耐高温、耐磨、绝缘和防静电）等。

- 其他相关组件：包括线缆、接插件、散热片、滤波器、风扇、指示灯、标签和包装材料等辅助部件。

需要注意的是，技术的发展可能会带来新的组件、材料和设计方法。一旦出现新的材料、更高效的传感器、更先进的控制单元等，就需要根据新的技术来优化设计。此外，对于部件的选择和性能参数的具体要求等，需要根据具体项目的需求、预算和应用场景的情况具体筹划。

2）性能参数匹配与规格确认

（1）组件性能参数要求。

对需要的每个部件，详细列出其应该满足的性能参数。这些参数应与产品设计需求紧密对应，确保选择的部件能完全契合产品的功能与性能需求。常见的性能参数如下。

- 电子元器件：包括工作电压、电流、功率、频率响应、信噪比、精度等级、工作温度范围、防护等级（如 IP 等级）、电磁兼容性（如 EMC）、使用寿命和故障率等。
- 机械部件：包括尺寸公差、形位公差、硬度、强度、韧性、耐磨性、耐腐蚀性、热膨胀系数、质量、转动惯量、噪音、振动特性、润滑要求和使用寿命等。
- 材料：包括物理性能（如密度、熔点、导热系数、热膨胀系数、电导率和磁导率）、化学性能（如耐酸碱、耐氧化、耐候性、阻燃性和毒性）、机械性能（如抗拉强度、屈服强度、伸长率、硬度和冲击韧性）和加工性能（如成型性、焊接性和切削性）等。

- 其他组件：包括电气性能（如电流、电压、电阻和电容）、机械性能（如强度、硬度、耐磨性和耐温性）、环境适应性（如防水、防尘、防震和抗老化）和安全性能（如绝缘等级和防火等级）等。

（2）组件规格与认证。

在确认性能参数的同时，需要关注部件的规格型号、接口标准、安装方式、采购渠道等，确认其与设计图纸、现有生产设备、供应链资源等是否匹配。此外，对于某些关键部件或特殊的应用场景，还应考虑其是否具备必要的认证（如CE、UL、RoHS、REACH和FDA），以满足国际市场准入、环保要求或特定行业的标准。

通过上述需求梳理与性能参数匹配，就能够形成详尽的元器件与材料清单，为后续的采购、制造、检验和组装等环节提供了明确依据，确保机器人产品按照设计要求顺利诞生，且满足市场与法规的多重考验。

2. 部件调研和供应商筛选

1）部件选型的市场调查

（1）同类部件市场研究。

很多人在这个环节可能不会做得很细致，但如果你有精力，能亲自去了解部件的市场情况，那么肯定是有益处的。你不仅可以了解技术动态和价格走势，还可以认识一些细分领域的专家和供应商。与研究其他行业领域类似，你可以关注相关领域的展会、论坛、技术研讨会，查阅学术期刊、市场研究报告、相关社交媒体账号等，进一步收集相关部件的历史价格数据，分析其市场价格的波动规律和影响因素，如原材料价格、供需关系和汇率变动，预测未来价格趋势，为采购预算的制定、成本控制提供依据。同时，研究市场上占有率高、口碑好的品牌和工厂，了解其产品线、技术能力和用户评价等情况。

（2）部件性能比较与选型。

基于市场研究的结果，对备选部件进行性能上的比较。结合产品设计需求与成本预算，选出最符合要求的部件型号。比较的内容如下。

- 技术参数对比：对照性能参数要求，对各候选部件的规格书、数据手册进行详尽比对，确保所选部件在关键性能指标上达到或超出设计要求。
- 成本效益分析：综合考虑部件单价、采购量、使用寿命、维护成本和能耗等因素，评估各候选部件的综合持有成本，选择性价比高的部件。
- 兼容性与可维护性考量：检查各部件与你现有的设备、系统、工具、备件等的兼容性，以及部件的易维护性、可替换性、备件供应情况等，确保部件的顺利集成和长期使用。

2）供应商评估与名录建立

（1）供应商资质审核。

对潜在供应商进行资质审核，确保其具备合法经营、质量保证、安全生产、环保合规等基本条件。审核的内容包括营业执照、税务登记证、组织机构代码证等法定证件，以查验供应商的合法经营身份；质量管理体系认证，验证供应商具备合格的质量管理能力；环境管理体系认证，评估供应商的环保意识和水平；安全生产许可、职业健康安全管理体系认证，确保供应商的工作场所是安全的，员工是健康的。

（2）供应商业务能力评估。

从质量保证能力、价格竞争力、交货期与供应稳定性、售后服务能力等维度，对潜在供应商进行业务能力评估。

- 质量保证能力：主要评估供应商的质量控制体系、检测能力、不良品率、质量追溯能力等，确保其提供的部件质量稳定可靠。
- 价格竞争力：比较供应商报价与市场平均水平，分析其成本构成、价格策略、付款条件和折扣政策等，寻求成本优势。
- 交货期与供应稳定性：了解供应商的生产能力、库存管理、供应链管理能力，评估其能否按照约定的时间、数量稳定供货，满足生产计划需求。
- 售后服务能力：评估供应商的技术支持、售后服务网络、响应速度、保修政策、备件供应等，确保在部件出现问题时能得到来自厂家的有效协助。

（3）合格供应商名录建立。

根据供应商评估结果，筛选出满足要求的供应商，将其纳入合格供应商名册，建立一套管理体系并定期更新、维护名册。这份名册里应包含供应商的基本信息、主要供应部件、评估得分、合作历史、评价记录等内容，为采购决策提供信息支持。

通过部件调研及供应商筛选，可以确保机器人使用的部件来源可靠、质量稳妥、成本可控，从而构成产品市场竞争力基础。

3. 技术规格确认与样品验证

1）技术沟通与规格确认

（1）技术规格对接。

建议与你的供应商建立紧密的技术沟通机制，对选定部件的技术规格进行确认。通过电话会议、技术研讨等方式，确保双方对技术细节有清晰、一致的理解。逐一核对各部件的技术参数，如尺寸、重量、材质、电气特性和机械性能，确保它们与产品设计需求匹配。对产品设计中的特殊需求，如定制化设计、特殊接口、特殊涂层和特殊标签，双方应详细讨论落地方式、技术难点和时间节点。供应商应提供完整的部件技术文档，包括图纸、说明书、检验报告和认证证书等，以确保设计、制造、检验和维护等环节有足够的依据。虽然每个企业和每个人的合作方式各不相同，但严谨确认相关细节这个道理是相通的。

（2）签订技术协议。

根据技术沟通结果，双方应签订技术协议或技术规格确认书等文件，把部件的技术要求、质量标准、交付方式、验收标准和保密条款等事项以合约形式确认，赋予法律效力。技术协议一旦签署，样品验证、批量采购和质量控制等事项也就有了正式的依据。

2）样品获取与测试

（1）样品获取。

根据技术协议，供应商应提供能代表其生产能力的零部件样品。样品数量应根据具体的测试需求而定，包括功能测试样件、尺寸检验样件、外观质量样件和破坏性测试样件等类型。然而，不同的机器人和不同的用户的情况不同，刚入行的新人切勿照本宣科。

（2）质量检测。

拿到样品之后就可以进行质量检测，包括尺寸检测、外观检查、性能测试、环境试验、可靠性检验等。检测依据包括产品设计要求、技术协议、相关标准（如 ISO、IEC 和 GB）、企业内控标准等。检测的结果应该被详细记录下来，并形成检测报告。

（3）性能测试。

如电子元器件的电气性能测试、传感器的精度测试、执行器的负载测试和机械部件的强度测试。测试的目的是验证拿到的样品是否能达到设计预期，为后续的设计优化、批量采购等工作环节提供数据支持。

（4）样品对比与优化。

如果样品的测试结果未能达到预期，就需要进行更多轮的样品对比与优化，并与供应商一起分析原因，重新制作样品再次验证。如果连最初的样品都未能满足技术标准和设计预期，那么肯定是无法批量采购的。

通过技术规格确认和样品验证，确保选定的零部件在技术规格、质量、性能等关键方面与产品设计要求完全一致，为产品的高品质制造及市场竞争力奠定基础。同时，与供应商的紧密合作及建立技术沟通机制，有利于增强对供应链的理解并融入产业生态。

4．成本控制与性价比考量

1）成本计算与分析

（1）部件成本数据统计。

建议收集各部件的采购价格、运费、关税、保险费、检验费等各方面成本数据，进行详细的成本计算。

（2）整体成本分析。

在汇总各部件成本数据后，进行整体成本分析，如下所述。

- 成本结构分析：分析直接材料成本、直接人工成本、制造费用、管理费用、销售费用等各项成本的占比，了解成本构成，确定成本控制的重点。
- 成本趋势分析：通过历史数据对比，分析成本变化趋势，并预测未来成本走势。
- 成本对比分析：如果有同行业、同类型产品的成本数据，则可以通过对比了解自身成本竞争力，寻找改善成本的机会。

（3）成本与预算对比。

对比计算得到的总成本与预算目标，评估成本控制的成效。如果核算结果显示亏损，就需要分析具体原因并寻找降低成本的潜在途径，如考虑寻找替代方案。

2）性价比评估

综合考虑部件的价格、性能、寿命和维护成本等因素，避免盲目追求低价而牺牲产品质量。性价比分析的结果应作为采购决策的重要依据。

3）替代方案评估

针对性价比不理想的部件，通常需要考虑寻找替代方案，具体如下。

- 同类部件比较：在市场上寻找性能相近的同类部件，对比性价比。
- 新技术应用：关注新技术、新材料、新工艺的发展情况，评估其在降低成本、提升性能方面的潜力，并适时引入。
- 自制或外包：对于关键部件，可根据成本、质量、交货周期等因素，权衡自主研发制造与外包给专业厂商的利弊，做出最优决策。

本质上，成本控制与性价比考量旨在保证产品质量的同时，有效控制物料成本，提高产品性价比，增强市场竞争力。同时，通过持续的成本分析与控制，不断提升成本管理水平。

5. 合规性与可持续性审查

1）合规性审查

（1）行业标准与安全认证。

确保所有部件都遵循相关行业标准和安全认证要求，保证产品从设计、生产、使用到回收均符合国际、国内及行业规范与标准。具体来说，需要审查的内容包括但不限于以下内容。

- 行业标准：查阅并核实部件是否符合国际、国家及行业标准，确保部件在性能、安全、可靠性和兼容性等方面达到规定要求。
- 安全认证：检查部件是否已获得必要的安全认证，确保产品在电气安全、电磁兼容、有害物质限制、废弃物处理等方面符合法规要求。

（2）遵守法规。

研究并遵守各个国家和地区对机器人及相关部件的法规要求。例如，在数据隐私保护、网络安全和 AI 伦理等方面，应避免因产品合规问题导致市场准入障碍或面临不必要的法律风险。

2）可持续性审查

（1）环境友好性。

在材料选择上，优先选用具有环保特性的材料，如低 VOC（挥发性有机化合物）涂料、无卤阻燃剂和可生物降解塑料，以减少产品全生命周期对环境的负面影响。同时，关注部件的能源效率、噪声控制、辐射控制等环保性能指标，确保符合绿色设计的理念。

（2）可持续性。

在不影响总体目标的情况下，考虑采用可回收材料、可再生资源或生物基材料，以减少对非可再生资源的依赖。评估部件的耐用性、维修便利性和升级能力，延长机器人的整体寿命并降低资源消耗。更重要的是，要选择那些具有社会责任感、致力于可持续发展的合作伙伴。

但一般来说，通常只有成规模的企业或跨国公司能够真正实现这些目标。对于初入机器人领域的新手或业余爱好者来说，最好先专注于确保产品的安全性和质量，可持续性可以作为后续考虑的问题。

3）认证与标准检查

（1）认证申请与跟踪。

对于尚未取得必要认证的部件，可以协助供应商推动认证申请，为他们提供必要的技术支持。对于已取得认证的部件，应定期跟踪认证状态，确保认证的有效性，以应对认证标准变更等情况。

（2）标准匹配度检查。

定期或在产品需要进行重要变更时，进行内部或第三方的匹配度评估。评估事项包括部件性能测试、文档审查等，目的是确保产品动态地持续符合相关标准要求。

部件选择是打造产品的重要的一步，不仅关系着产品的质量和性能，还影响着产品的成本和竞争力，因此，不仅需要相关领域的专业知识、敏锐的市场洞察力和严谨的决策逻辑，还需要对供应链有深刻的理解并具备商务洽谈能力。挑选部件和管理供应商绝不仅仅是采购部门的责任，而是团队整体要一同考量的事务。如果你没有经验，至少要做到理解你所需要的部件，谨慎地选择供应商。

3.5.3 机器人的组装

机器人的组装是机器人创造流程中至关重要的环节。机器人的组装流程如图 3-9 所示。这一阶段涵盖了从零部件到完整机器人的实体构建过程，需要确保所有组件实现精密对接和功能协同，最终实现预期的产品目标。

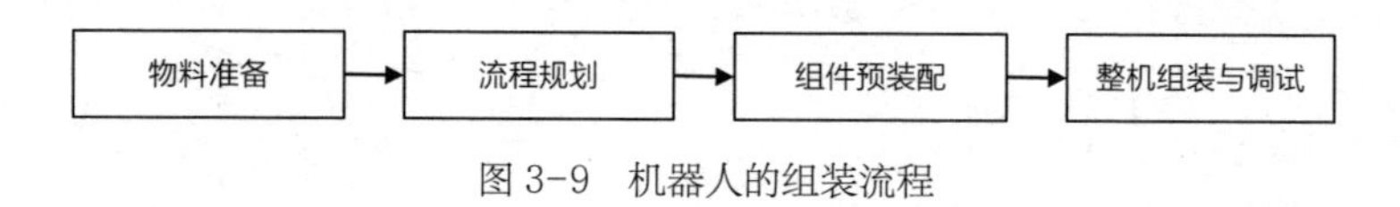

图 3-9 机器人的组装流程

笔者梳理了组装的方式与流程，尽量兼顾科普性和可参照性，但具体的组装过程因人而异。

1. 物料准备

1）物料齐套管理

在组装之前，需要对将要投入使用的部件进行物料齐套管理。具体措施可参照以下几点。

- 物料清单核验：提前列出物料清单，对所有部件进行逐项清点，核实其型号、规格、数量等信息是否与清单内容完全一致，避免因部件错误或缺失导致组装延误。
- 物料状态检查：仔细检查各个部件的外观、包装状态，确保无明显损伤、污染、锈蚀等现象；确认包装完好、标识清晰，符合储存与运输的基础要求。
- 批次追溯与记录：对重要的或易受损的部件进行批次追溯，记录其生产日期、供应商信息、检验结果等信息，以便后面在质量追溯或排查问题时能够快速定位。

- 物料存放与防护：根据部件本身的特性，进行合理的存放与防护。例如，防潮、防尘、防静电和防震，以确保部件在组装前能够保持良好的状态。

2）相关工具准备

为确保组装过程的高精度、高效率和高安全性，建议根据机器人部件的特征和组装工艺要求，准备相应的专用工具。这是琐碎的工作，但产品最终的品质感就藏在这些细节中。

- 工具选型与校准：选用符合工艺要求的装配工具。如扭矩扳手、电钻、焊接设备和测量仪器。定期进行校准与维护，确保工具精度与性能满足组装要求。
- 工具使用培训：不管是你亲自上阵，还是由专门的人员执行组装，都建议事先进行专用工具的操作培训，确保熟练掌握正确的使用方法，了解安全注意事项和维护保养知识，避免因操作失误引发质量问题或安全事故。

2. 流程规划

1）工艺流程设计

（1）确定组装工序关系。

你可以对机器人组装的各个环节进行精细化梳理，画出一份全面、详尽的组装工序流程图。该流程图应清晰地呈现各个组装步骤之间的关联，如逻辑关系和顺序安排，目的是确保整个生产链条的流畅与连贯。

（2）设定工序顺序。

工序顺序的设定需考虑机器人的结构特征、装配难易度、互换性要求及生产设备的使用效率等。合理的工序安排不仅能提高组装效率，还能避免因操作顺序不当而引发的装配困惑、返工和零部件损坏等问题。

（3）明确各工序操作步骤。

列出每个组装工序的操作步骤，包括零件准备、装配操作、紧固流程和连接验证等。这些操作步骤应以统一、易懂的语言辅以图形进行描述，确保执行人员能准确理解并快速执行。

（4）确定工时分配。

根据工序的复杂性、技能要求、工具设备使用情况等，科学合理地分配工时。工时设定应兼顾生产效率与操作人员的体力和精力，确保既能满足生产节奏，又能保障工作人员的安全与健康。

（5）设置检验点与质量控制标准。

在一些关键的组装节点上可以特别设置检验点，明确各检验点的检查项目、检查方法、合格标准和处理不合格品的程序。确保组装正确无误，避免偷懒和物料浪费。通过严格的质量控制，加强质量管控意识，加大质量管控力度，确保每一步组装工作都符合设计要求和质量标准。

（6）制定错漏管控机制。

针对可能的组装错误，如零件混淆、反向安装和紧固件遗漏，应预先设计并实施有针对性的管控手段。这些手段包括使用颜色编码、形状匹配、定向插槽等防错工装，以及实施首件检验、自检、互检等质量管理制度，最大限度地减少人为失误对产品质量和市场满意度的影响。

2）编纂操作说明书

操作说明书是帮助操作人员正确、高效完成机器人组装任务的指导材料。可结合上述工序设计流程中的产出物，以及检验标准、防错措施等，合成一套完整、规范的操作指南。

（1）内容翔实易理解。

如果决定撰写操作说明书，就要确保内容扎实，避免成为摆设。可详细阐述每个组装步骤的实操方式、注意事项、工具使用细节、安全提示等内容，并配上清晰的图文说明，确保即使外行和新手也能看懂其内涵和要领。同时，建议使用简洁、明了、直白的语言，避免专业术语带来的理解成本。

（2）重视操作规范性与提升效率。

操作说明书既要强调操作的准确性，又要重视操作的规范性。例如，正确的姿势、力度控制和工具使用技巧，以减少操作人员的疲劳，预防工伤事故的发生。此外，务必要强化完善生产管理流程和透明度，引导操作人员识别并消除浪费，不断优化组装流程。

（3）融入质量意识与责任教育。

在操作说明书中融入质量意识与质量教育，强调每个组装环节对产品质量都很重要，培养操作人员的责任心与质量观念。同时，明确操作人员在质量控制中扮演的角色与职责，鼓励他们在发现质量问题时主动上报，积极参与问题解决。

本节反复强调安全性、准确性和质量意识，因为安全和质量不仅决定了你的机器人能否成功，更决定着你的事业能否持续成功，以及你这个人能否被合作伙伴认可！

（4）定期修订与培训。

当产品设计发生变更、工艺有所优化或采用了新材料、新技术时，应当及时更新操作说明书并组织操作人员培训，确保大家始终掌握最新的组装要求与操作规范。通过有效率的培训与考核，不断提升团队的技能水平与综合素质，为保质保量完成机器人组装工作提供有力保障。

3. 组件预装配

1）子系统的预装配

为确保机器人预装配工作高效进行，可以先对整机进行科学合理的子系统划分。机器人不同，划分逻辑也不同。在划分时，应充分考量各子系统功能的独立性和接口的标准化，以及生产、测试、维护是否得当。例如，可划分为机械结构子系统、电控子系统、其他子系统，以及子系统间接口的匹配与联调等。

（1）机械结构子系统的预装配。

这部分主要包括机身框架、传动机构、末端执行器等板块的组装与调试。在预装配过程中，应严格依据设计图和工艺文件等进行相应的操作，确保各部件之间能连接结实、顺畅丝滑，同时对关键尺寸进行测量与标记，保证机械结构的整体精度。

（2）电控子系统的预装配。

电控子系统预装配涉及电源分配、线路敷设、控制柜组装、驱动器安装、接线与初步编程等一系列事宜。切记应确保电气元件安装位置准确、接线规范、标识清晰，进行必要的绝缘电阻测试、接地检查、电源通断试验，初步加载控制程序并进行空载运行测试，确认电控子系统功能完好、通信正常。

（3）其他子系统预装配。

根据机器人类型和功能需求，可能还包括感知与导航子系统的各种摄像头、雷达、IMU 等传感器的安装与校准，还有能源与冷却子系统的电池组、散热器、风扇等部件的装配及功能验证等。底线是要保证各子系统预装配完成后，能够正常运行并通过初步的功能测试。

（4）子系统间接口的匹配与联调。

完成各子系统预装配后，应进行子系统间的接口匹配与初步的联合调试，确保机械、电气、感知等接口的物理连接和信号交互没有问题，子系统间协同工作正常进行。同时通过联调，及时发现和解决接口不匹配、信号有干扰、控制逻辑错误等问题。

2）关键部件校准

（1）精准定位关键部件。

对于机器人中涉及精度、位置和姿态等要求较高的关键部件（如电机、传感器和关节），最好进行校准。在校准时建议使用高精度的测量设备（如激光干涉仪、角度尺和位移传感器），按照相应的校准程序和标准，对关键部件的位置、角度、转速、扭矩、精度等级等参数进行精细调整。

（2）电机校准。

电机是很多机器人的动力来源，其转速、扭矩、相位、温升等参数，会直接影响机器人的运动性能。校准时需对电机进行空载、负载试验，调整驱动参数，确保电机在各种工况下都能正常运转、迅速响应、发热正常。

（3）传感器校准。

机器人中的各类传感器，无论是力矩传感器、视觉传感器还是其他传感器，其测量精度都关系着机器人对外部环境的感知与响应。建议按照供应商给出的校准方式，使用标准参照物或专用校准设备，对传感器的零点、线性度、灵敏度、温度漂移等特性进行标定。

（4）关节校准。

如果是多轴机器人，那么各关节的相对位置、转动范围、同步性等要素是保证机器人整体运动精度的关键。在校准时应对各关节进行静态、动态的测试，调整关节间的位置关系、传动比、补偿参数等，确保机器人的运动轨迹精确、无振荡、无过冲。

4. 整机组装与调试

1）整体组装

（1）有序开展整机装配。

在完成子系统的预装配并确认功能正常后，可按照既定工艺流程进行整机组装。在组装过程中，建议遵循从下到上、从内到外、先主体后附件的原则，确保装配过程清晰有序，避免因装配顺序不当引发的空间受限、操作不便等问题。

（2）关注组件间的配合与对接。

在整机装配过程中，需要特别注意各个组件间的相互配合与精准对接。这包括但不限于机械结构的紧密连接、电气线路的规范接驳、传感器与执行器的精确安装、软件系统的顺畅集成等。要确保各组件间接口匹配、连接牢固、信号传输无误，避免因配合不当导致松动、磨损、通信中断等。

（3）确保结构紧凑与运行顺畅。

完成所有组件的装配后，应对整机进行整体检查，确保结构布局合理、布线整洁、防护到位。

2）功能测试与优化

（1）全面开展功能验证。

整机装配完成后，就可以进入功能测试阶段。这一阶段应涵盖机器人各项核心功能的验证，包括但不限于以下内容。

- 运动控制测试。通过发送指令，检查机器人各关节和执行器的运动范围、速度、加速度、精度等是否符合设计指标，验证运动控制算法的精准度和稳定性。
- 传感反馈测试。模拟多种工作情境和工况，验证各类传感器的测量精度、响应速度、抗干扰能力等，确保机器人对外部环境能够准确感知。
- 自主导航测试。对于具备自主移动能力的机器人，如四足机器狗和零售服务机器人，需要测试其在不同地形、光照、障碍物条件下的路径规划、避障、定位等能力，验证导航系统的可靠性和适应性。

- 交互响应测试。测试机器人的人机交互功能，如语音识别、手势识别、触屏操作等，确保来自人类的指令能被机器人准确接收和快速响应。

（2）依据测试结果进行优化调整。

建议在功能测试过程中，对出现的异常情况和性能问题进行记录，并根据测试数据进行深入分析。针对测试中发现的问题，可能需要进行如下优化调整。

- 参数调整：可能涉及对控制算法、传感器校准参数、导航策略等进行微调，以适应实际工作环境，提升性能指标。
- 功能优化：根据测试中人类与之交互后的反馈和实际应用场景的需求，对现有功能进行改进或新增功能模块，如优化人机交互界面、增加故障诊断与自我修复功能等。
- 硬件整改：对于因硬件设计、制造、装配等引发的问题，可能需要对硬件进行调整，如更换一些部件、改进结构设计和优化布线布局。

3.5.4 程序控制

完成机器人的组装后，就进入程序控制这一数字化阶段。这一阶段涵盖了底层控制系统设计、上层应用功能开发、系统集成与联调、测试验证与优化、用户培训与技术支持等一系列工作，帮助机器人从没有“主见”的工具实体变成具备一定智能和自主行为能力的科技产品。

需要再次说明的是，本书的一些内容，是出于科普目的进行的一般性梳理和介绍，仅供参考，有些涉及技术细节的部分可能因人而异、因公司而异、因国家和地区而异。本书有时会偏向重点讲解工业机器人，因为它毕竟是最大的机器人类别。也许你在做机器人时完全不需要其中的一些步骤，例如，你的机器人产品不需要某种部件，或是不需要自己研发技术，抑或是你直接采购了供应商的大量产品和技术，无须费时费力去独立研究。

1. 底层控制系统设计

1）硬件接口编程

机器人控制系统与硬件设备之间的有效交互，是实现精准控制的基础。针对机器人各组件（如电机驱动器、传感器、通信模块和 I/O 接口），开发人员一般需编写相应的硬件接口程序。这些程序应准确匹配硬件设备的电气特性、通信协议和控制指令，确保软件系统能有效识别硬件状态、接收和解析输入数据、向硬件设备发送有效的控制命令，以实现软件与硬件间的有效交互。硬件接口编程应注重代码的模块化、规范化，以便后期进行维护升级。此外，还要充分地考虑异常处理和容错机制，增强系统整体的稳健性。

2）底层控制算法

基于机器人动力学模型和运动学原理，开发人员需要设计和实现一系列底层控制算法，这些算法是机器人精确执行预设动作的核心。

（1）关节伺服控制。

根据电机特性、传动机构参数和机器人关节的动力学模型，开发适用于不同类型伺服电机（如直流电机、交流电机和步进电机）的控制算法，包括位置控制、速度控制、力矩控制等，确保关节在各种工作条件下都能快速、准确地跟踪给定的运动指令，帮助机器人完成一个个动作。机器人关节的功能和人类关节的作用相似。

（2）轨迹规划。

需要根据任务需求和机器人的工作空间限制，设计出高效、平滑的运动轨迹。常用的轨迹规划方法包括直线插补、圆弧插补、样条曲线插补、基于配置空间的规划等。轨迹规划算法应考虑机器人关节速度、加速度等因素，同时避免奇异点、碰撞、超程等问题，确保机器人能平稳安全地执行复杂任务。

（3）姿态控制。

对于具有多个自由度、需要进行空间定位和姿态控制的机器人（如六轴机械臂和移动机器人），开发人员可以设计姿态控制算法，如欧拉角控制、四元数控制和基于李群的控制。姿态控制算法应该确保机器人在三维空间中能精确跟踪目标位置和姿态、兼顾外部扰动、传感器噪声和模型不确定性等因素，实现姿态的稳定控制和快速调整。

此外，底层控制算法的开发可能包括传感器数据融合、模型预测控制等技术的实现，以满足不同应用场景对机器人控制性能的多样化需求。在算法开发过程中还可充分利用仿真工具，进行离线验证和在线调试，通过实验数据不断优化控制参数，确保底层控制算法在实际运行中展现出优异的控制性能和稳健性。

2. 上层应用功能开发

1）任务调度系统

要想使机器人能在复杂多变的作业环境中高效有序地运行，你需要拥有一套功能完备的任务调度系统。通常来说，该系统应具备以下核心功能。

（1）多任务并发处理。

支持同时处理多个任务指令，让机器人能在执行当前任务的同时，接收并缓存待执行任务，实现任务间的无缝衔接。任务调度系统应具备任务分解、任务合并、任务暂停 / 恢复等能力，以应对任务发生动态变化和优先级需要调整等状况。

（2）任务优先级排序。

根据任务的紧急程度、重要性、资源占用情况等因素，设计合理的任务优先级排序规则。系统应能够自动或根据使用者命令调整任务队列，确保高优先级的任务被优先执行。

（3）资源管理和冲突检测。

实时监控机器人各硬件资源（如关节驱动器、传感器和通信通道）的使用情况，避免因资源过度占用而导致性能瓶颈的出现。系统应具备资源冲突检测与仲裁机制，确保在多任务并发执行时，合理分配和调度资源，防范任务间的相互干扰。

（4）任务监控与反馈。

提供任务执行状态的实时监控界面，展示任务进度、剩余时间、已完成比例等信息，便于用户了解任务执行情况。同时，系统最好能及时反馈任务执行的结果、异常情况和任务完成后的性能统计数据，为任务优化和故障排查提供数据支持。

2）用户交互界面设计

为提高人类与机器人协同工作的便捷性，开发人员应精心设计用户交互界面，包括但不限于以下内容。

（1）图形化编程界面。

提供直观、易用的图形化编程环境，让用户通过拖曳、连线、“用指头戳屏幕”等简单动作就能快速布局机器人的任务流程，指挥机器人“干这干那”，无须深入掌握复杂的编程语言。图形化编程界面还应具备丰富的功能模块（如运动控制、逻辑判断、循环和函数调用）、实时仿真功能，以及错误检查与提示机制，帮助使用者快速验证和调试程序。

（2）语音识别指令系统。

可考虑集成语音识别技术，让人通过语音就能直接操控机器人。设计清晰、简洁的语音指令集，确保机器人能够准确识别和响应语音命令。语音交互界面应具备良好的噪音抑制、多种口音的适应、语义理解能力，支持自然语言交互，提高用户与机器人的沟通效率。

（3）其他交互方式。

根据应用场景和成本，还可以考虑集成触摸屏操作、手势识别、虚拟现实、增强现实交互等不同交互方式，提供全方位、个性化的操控体验。

3）集成 AI 技术

通过有针对性地集成 AI 技术（包括大模型），可以进一步提升机器人的智能化水平和环境适应能力。

（1）机器学习。

利用监督学习、无监督学习、半监督学习、强化学习等机器学习算法，使机器人能够从历史数据中学习规律、模式，实现运动控制策略的优化、故障预测与诊断、自主任务规划等高级功能。当然，现在的潮流是人们已经不满足于让机器人学习历史数据了，都迫不及待地想让机器人从在线数据甚至现实场景中实时学习。

（2）深度学习。

结合卷积神经网络（CNN）、循环神经网络（RNN）、长短期记忆网络（LSTM）、生成对抗网络（GAN）等深度学习模型，强化机器人的感知能力，如图像识别、语音识别、物体检测和语义理解。

（3）自学习与自适应力。

人们通过在线学习、迁移学习等技术，让机器人在运行过程中持续学习和进化，以适应变化的环境和任务，提升在复杂环境中的反应速度、决策准度和工作完成效率。在此笔者结合大模型进一步探讨。

大模型，特别是大语言模型（LLM）和深度学习模型，在自学习与自适应力方面，可以扮演关键角色，促进 AI 系统在运行过程中不断学习和适应新环境，具体体现在以下几个方面。

大模型支持在线学习机制，可以在接收新数据时，动态更新权重和参数，适应数据分布的变化。这种能力对于让系统实时学习新信息、适应环境变化至关重要。

大模型通过迁移学习技术能够将在一个领域学到的知识迁移到另一个领域，从而减少从头开始训练所需要的数据量，加快新任务学习速度，提高自适应性。这有助于模型在遇到新任务时更快地调整策略，提升效率。

结合强化学习的大模型可以自我优化决策过程，通过与环境的交互，学习最佳行为策略，增强机器人反应速度和决策准度，尤其是在面对复杂、动态的环境时。

大模型的元学习能力使其能够学习“如何学习”，不仅提升了学习新任务的速度，还允许机器人在一系列相关任务中展现出更强的适应性。

大模型擅长通过自监督学习方法，从无标注数据中提取有用的信息，增强对世界的理解。这不仅提升了模型的泛化能力，也使它们能在面对未曾见过的数据时，更加灵活地调整和适应。

显然，AI 的发展正赋予机器人更广阔的前景。

3. 系统集成与联调

1）系统模块集成

系统集成是将构成机器人的各个子系统和模块——包括底层控制、上层应用、用户交互界面等——按照预定的设计规范和接口标准进行整合的过程。其主要目标是确保各部分之间数据交换的准确、控制命令的高效流转、整体系统的协调运作。系统模块集成涉及以下几个关键步骤。

（1）接口定义与标准化。

明确各模块间的通信协议、数据格式、控制信号等接口规范，确保不同模块间的信息交互遵照统一标准，降低集成难度、提高互操作性。

（2）中间件开发。

设计与实现数据总线、消息队列、服务注册与发现等中间件组件，以模块间通信桥梁的身份，实现模块间的灵活交互。

（3）模块集成测试。

在集成前，对每个模块进行独立功能验证，确保符合设计要求。随后，按照系统架构逐步拼接各模块，并执行集成测试，验证模块间接口的正确对接、数据流的完整传递，以及控制命令的有效响应。

（4）系统集成验证。

通过集成测试平台或模拟环境，模拟各种实际运行场景，验证系统整体功能和各模块间的协同工作能力。对发现的问题要进行及时分析和修复，然后重新进行集成验证，直至系统达到预定的集成标准。

2）系统联合调试

系统联合调试是系统集成后的重要环节，旨在通过实地部署和仿真模拟相结合的方式，对整机系统进行测试与优化，具体如下。

（1）实体机器人调试。

观察和记录机器人在实战中的情况，评估控制算法的精度、响应速度、能耗等性能指标。通过反复试验和调整，不断优化控制算法，提高系统对环境和任务的适应能力。

（2）仿真模拟。

利用机器人建模与仿真软件，构建与实际机器人硬件和软件配置一致的虚拟环境进行仿真。这种仿真模拟是为了快速验证控制策略、预演复杂任务流程、模拟异常情况，在不影响实体机器人的前提下发现问题、优化算法、改进设计，等等。

（3）故障注入与恢复测试。

可以主动接入各类故障，如传感器失效、通信中断和硬件毁坏，以检验系统的故障检测、隔离和恢复能力。

3）故障诊断与恢复机制设计

（1）实时监测与异常检验。

例如，通过嵌入式监控系统，监测机器人产品各部件的状态、运行数据及环境参数，通过数据驱动的异常检测算法等，及时发现潜在故障或性能退化迹象。

（2）故障定位与隔离。

一旦检测到异常，应快速定位故障源何在，判断故障级别和影响范围。同时落实故障隔离策略，防止故障蔓延，确保系统其他部分不受影响。

（3）自主恢复与应急响应。

针对不同类型的故障，可以预先设定或动态生成相应的恢复策略。机器人要能够根据诊断结果自主执行故障修复操作，或是向人发出警报、提示采取应急举措等。对于无法自主恢复的严重故障，系统应能自主关机以等待人类员工介入。

4. 测试验证与优化

1）功能测试

功能测试是验证机器人是否满足设计要求、实现目标功能的重要环节，涵盖了一系列系统级和子系统级的测试活动，以保证机器人在各种情况下都能正常运转。具体的测试内容如下。

（1）基本动作验证。

对机器人基础运动行为进行验证，如行走、转向、避障、抓握和放置，确保这些动作都能够运行得精确流畅，至少无严重抖动或卡顿等。此外，还要验证动作间的平滑过渡和连续性。

（2）环境适应性测试。

模拟或真实布置多种不同的工作环境，如不同的光照、较大的温差、湿度差异和地面材质变化，以评估机器人对环境的适应性和抗干扰水平。测试内容包括而不限于传感器性能在不同环境下的稳定性、运动控制在复杂地形下的表现，以及交互界面在不同光照条件下的可读性，等等。

（3）性能极限测试。

设定极端条件或超负荷任务，测试机器人在接近或超出设计规格边界时的表现，如搬运特别重的东西、以最高速度前进和考验极限续航的时间。此类测试有助于揭示潜在的设计缺陷、材料疲劳问题或控制策略的局限性,给后续的可靠性提升和使用指导提供依据。

（4）安全特性验证。

严格检验机器人的安全防护功能，包括急停机制、碰撞检测与规避、过热保护、电力系统故障保护等，确保机器人在遭遇突发状况和故障时，能迅速响应，避免对人类造成伤害和损失。

（5）实战场景模拟测试。

基于机器人未来的实际应用场景，设计和执行一些贴近真实需求的任务流程。例如，仓储物流作业中的拾捡与搬运、医疗护理业务中对患者的照顾。通过观察与记录机器人在完成这些任务时的表现，可以初步评估其实用价值和市场竞争力。

2）性能评估与优化

基于功能测试的结果，对机器人的核心性能指标进行量化评估，并以此制定有针对性的优化策略，推动软件迭代升级，提升整体性能。可以优先关注以下几个方面。

（1）响应速度。

通过测试机器人对控制指令的响应时间、动作执行的启动延迟和状态变化的感知速度，评估其响应的实时性。如果发现响应迟缓，则可能需要优化控制算法、提升计算资源利用效率、减少通信延迟等。

（2）精度。

针对机器人在定位、导航、操作等任务中的精度要求，评定其实际工作精度。对于精度不达标的，可能需要改进传感器标定方法、优化轨迹规划算法、增加闭环反馈控制等。

（3）能耗。

主要监测机器人在典型工作环境和周期内的能源消耗，计算单位任务的能耗比，评估其能效水平。人们在讨论机器人时，常常会忽视能源问题，而能源状况直接决定了机器人的工作时长、运动范围、投入产出比等关键因素。想要降低能耗，就需要优化动力系统效率、调整作业策略，以减少无效功耗。

（4）可靠性与稳定性。

统计机器人在长时间运行、处理大量重复任务时的故障率水平、平均无故障时间和恢复时间等指标，评估其长期运行的稳定程度。对于可靠性问题，可能需要强化故障诊断与恢复机制、改进硬件设计以提高耐用性、优化软件以减少错误发生。

5. 用户培训与技术支持

1）编写操作手册

操作手册是机器人使用者与机器人有效交互的重要介质，即提供具体指导，帮助其顺利使用机器人、维护和升级机器人软件系统等。当然，如果你做的机器人是试验性作品或者仅供你个人使用，可能就不需要手册了。手册内容应包括以下几个部分。

（1）品牌介绍与公司简介。

不要放过任何展示你和你团队的机会。统一的介绍将直观地向外界展示你的品牌特质。会阅读手册的人一般都是你的目标人群，为他们呈现精心编写的公司介绍也是对他们的尊重。

（2）系统概述。

介绍机器人软件系统的整体架构、主要功能模块、硬件接口和外部设备连接方式，帮助使用者建立对系统的整体认识。

（3）操作指南。

详细说明如何启动、停止、重启机器人，如何通过用户交互界面（如触摸屏、遥控器和手机App）进行基本操作。例如，任务创建、调度、监控和日志查阅。此外，可以包括对某些特殊操作的说明，如恢复出厂设置、系统备份与恢复。

（4）维护与故障排除。

为机器人使用者提供日常维护保养的一般性建议（如清理、润滑和检查），以及常见故障的识别、原因分析与解决办法。对于需要专业技术人员处理的问题，建议专门明确指出并附上技术支持人员的联系方式。

（5）软件升级与定制化。

详细介绍软件升级的步骤、注意事项，以及如何获取和安装更新包。对于支持定制化功能的机器人，可以提供相关开发工具的使用教程、API 文档及示例代码，指导人们进行个性化配置和功能扩展。

2）建立培训与技术支持体系

为确保机器人的效能在使用中被充分发挥、降低使用门槛，你可以尝试构建一个培训与技术支持体系。

（1）培训服务。

探索不同形式的培训服务，包括线上视频教程、线下集中培训、一对一辅导等。培训内容应囊括基础操作、高级功能应用、故障排查与处理等，可根据用户需求进行定制化设计。培训结束后，可进行操作考核，发放证书和奖励。不过，线下集中培训和一对一辅导可能在面向企业级用户时比较常见，毕竟如果你的产品是消费级的，你很难给这么多消费者搞面对面培训，一般也没有必要。

（2）技术支持热线与在线服务平台。

在条件允许的情况下，最好设立 24 小时技术支持热线，由专业技术人员解答问题，提供远程诊断与指导。同时，搭建用户自助服务网站、论坛、知识库等虚拟平台，发布常见问题解答、操作小技巧、软件更新通知等信息，方便人们随时查阅和交流。

（3）现场服务与维修网络。

对于需要现场支持的复杂问题或硬件故障，可建立覆盖面广泛的服务网络，由经验丰富的工程师团队提供现场勘查、故障修复、设备更新等服务。有条件的还可以为重要用户（项目）提供驻场支持或定期巡检。

3.5.5 品控很关键

在完成机器人产品从设计到组装，再到程序控制的全过程后，产品的品质控制（品控）就成为确保其市场竞争力和用户满意度的关键。品控不仅涵盖了从原材料检验到成品出厂测试的全流程质量把关，而且确保每台机器人产品都能满足设计标准、法规要求及用户期待。与前文反复强调的“质量”概念相比，品控更侧重于整体流程的把控。虽然前面章节中已提及一些品控措施，但此处将从品控的整体视角进行简要阐述。

1. 原材料与零部件检验

（1）源头把控。

构建严格的供应商管理体系——这一点在之前已有论述，此处不赘述。总体来说，就是在原材料与零部件的采购环节，实施严格的供应商管理。通过签订质量保证协议、实施供应商的质量监督等措施，可以有效地防止劣质原材料与零部件进入生产线。

（2）细化入厂检验流程。

即便我们选择了优质的供应商伙伴，也要对采购的原材料与零部件执行严格的入厂检验程序。这包括但不限于外观检查、尺寸测量、性能测试和材料分析等环节，以确保其完全符合规定的质量标准和技术参数，以及环保、安全等相关要求。

（3）批次抽检与全检策略。

我们应根据原材料与零部件的重要性、质量风险等级和历史质量表现，制定相应的抽检与全检机制。对于关键、高风险或历史质量问题频发的物料，应实行全批次全检，确保无一遗漏。对于一般性物料，应设定合理的抽检比例与样本数量，进行批次抽检，及时预警潜在的质量问题。然而，有些工厂可能由于原材料选购不当、生产环节废弛或质量部门人手不足等原因，难以进行全检。在这种情况下，他们只能尽力而为。

（4）建立可追溯性与问题反馈机制。

建立原材料与零部件的批次追溯系统，确保每批次物料的来源、检验结果和使用情况等信息都可追溯。一旦发现质量问题，便立即启动问题反馈机制，及时通知供应商，要求他们分析原因并采取措施。此外，我们应对问题批次进行隔离、退件或索赔处理。同时，将质量问题及其处理结果纳入供应商评价体系，为后续采购决策提供参考。

（5）持续改进与预防措施。

通过对原材料与零部件检验数据进行统计分析，识别质量问题的趋势与模式，推动供应商进行质量改进。我们可定期组织供应商质量会议，共享质量信息，并共同研讨预防措施。例如，改进生产工艺、优化材料配方和强化过程控制，从源头减少质量问题的发生。

当然，现实中会有很多情况，例如，你只是供应商的一个小客户，他们可能压根不屑于和你探讨，即便讨论了，也不会优先解决你的问题。

2. 生产过程监控

（1）工艺流程精细化监督。

在生产过程中，对每个工艺环节都实施精细化、全程化的监控管理，确保所有操作严格按照作业指导书、工艺规程及相关标准进行。尽量综合采用目视管理、看板系统和电子监控等手段，实时跟踪生产进度、设备状态和物料流动等情况，确保工艺流程的合规性与稳定性。小工厂资金有限，如果难以采用数字化手段，就要加强人的责任意识，完善工作流程和激励制度，尽量通过人工监控生产过程。如果管控松弛，则在生产过程中可能会发生浪费和质量误差，此时管理者应该清楚问题的责任归属。

（2）统计过程控制。

妥善使用统计过程控制（SPC）工具，监控和分析生产过程中的关键质量特性，收集、整理生产过程中的数据，如尺寸、重量、硬度和强度，最好能绘制控制图，识别过程变异的正常波动与异常波动，提前预警潜在的质量问题。一旦发现过程失控、超出控制限值，就立即启动问题解决机制，查找根本原因，采取纠正措施，防止不良品的产生。此外，定期分析数据，为工艺改进、设备维护、物料管理等提供数据支持，将被动纠正和主动防范相结合。

（3）组建质量信息系统。

组建一个全面且集成的质量信息系统，该系统能够实现生产过程数据的自动采集、实时传输、集中存储与智能分析。通过实时监控生产过程的各个环节，我们能快速响应质量问题，及时调整生产参数，优化工艺流程。同时，这类系统通常提供质量管理报表和分析工具，支持质量管理人员进行质量趋势分析、问题根源分析和改进效果评估等。但是在搭建这类系统时我们必须量力而行，并认识到合适的环境是成功实施的先决条件。正如前面所提到的，并非所有工厂的发展阶段都适合或需要数字化工具。特别是如果你是一位空降的高管，而你所在的工厂之前一直依赖手工作业，那么突然强制推行软件系统可能会遇到阻力。这种阻力的原因有两个：首先，数字化可能会减少寻租和偷懒的空间；其次，改变工作模式会带来一个阵痛期，这可能会暂时影响工作效率。

3. 半成品与成品检验

1）半成品检测

（1）结构完整性检查。

在组装过程中，我们应对半成品进行严格的结构完整性检查。这包括通过视觉检查、非破坏性检测（如超声波、X 射线和磁粉探伤），以及机械性能试验（如拉伸、弯曲和冲击）等方法，对零部件间的连接部位、焊缝和紧固件等关键结构进行检查。这些检测方法确保我们能够及时发现并排除裂缝、变形、松动和缺失等潜在问题。

（2）功能性能测试。

针对半成品所承载的各项功能模块，如传动系统、控制系统和感知系统，我们需要进行逐项的功能测试和性能评估。这包括检验各功能模块能否准确响应指令、顺畅运行并有效交互，同时评估其响应速度、精度和稳定性等在特定条件下能否达到预期标准。对于电气、液压和气动等系统，我们可能还需要对压力、流量、电流和电压等关键参数进行测量与调整。

（3）安全指标验证。

安全指标验证包括但不限于电气安全（如接地电阻、绝缘电阻和耐压测试）、机械安全（如防护装置有效性和运动部件风险评估）、环境适应性（如温度、湿度、振动和冲击），以及 EMC 电磁兼容性测试等，确保半成品在使用过程中不会对操作人员、其他设备及周边环境等构成安全隐患。

2）成品检验

（1）综合功能测试和性能指标验证。

对已完成编程及组装的机器人成品，应进行全面的综合功能测试和性能指标验证，包括自主导航能力、核心任务的执行能力、人机交互体验、故障自诊断与恢复能力、负载能力、运动速度、定位精度、续航时间和通信距离等。这些和前文的一些内容是内在统一的，不再赘述。

（2）安全法规符合性审查。

安全问题很关键，因此再次强调：必须对机器人成品进行全面的安全审查，确保其符合国内外相关安全法规、标准及认证要求。审查范围涵盖电气安全、机械安全、防火防爆、辐射防护和信息安全等多个维度。

（3）环境适应性试验与可靠性测试。

这一点直接关乎机器人使用者的体验，故在前文基础上再作引申：模拟机器人的实际使用环境条件，对机器人成品进行环境适应性试验（如高低温、湿热、盐雾和沙尘）和可靠性测试（如寿命测试和耐久性测试），验证其在各种恶劣环境或长期运行条件下的运行性能和使用寿命。

（4）出厂前质量复核。

在机器人检验的最后阶段，最好进行出厂前的质量复核，确保所有检验项目已合格、各项问题已闭环且一切文档资料都齐全，方可批准机器人出厂。同时，确保每台出厂机器人产品的生产、检验、优化和升级等全过程信息可追溯，以便进行售后服务和技术支持。在前期尽可能规避问题，可以减少后期受到客户的烦扰。

4. 质量管理体系

对于制造业、硬科技企业来说，质量的重要性怎么强调都不过分，下面对机器人的质量管理体系再做一些梳理。

1）ISO 质量认证体系的构建与实施

企业应积极引入并严格遵循国际公认的质量管理体系标准，以及其他适用的行业或产品特定标准，如 ISO 13485（医疗器械质量管理体系标准）和 IATF 16949（汽车行业质量管理体系标准），构建符合国际规范、适应企业发展需求的质量管理体系。在这一过程中，要确保质量方针、质量目标、组织架构、职责分配、流程规范、文件控制、记录管理、内部审核、管理评审和纠正预防措施等得到落实，形成团队全员参与、全链条覆盖和全周期监管的质量管理态势。

2）质量文化与质量意识培养

如果是自己的公司，那么可以在企业内部弘扬质量文化，把质量意识融入企业文化之中。通过定期培训、案例分享和质量竞赛等方式，提升全体员工的质量意识和技能水平。同时，可以尝试将质量绩效纳入公司的激励机制，鼓励团队成员主动地参与质量管理，关注质量问题。

3）风险管理与防范

建立完善的风险识别、评估、控制与监控机制，对可能影响产品质量、生产安全、法规契合度和市场竞争力的风险点进行统筹系统管理。

4）持续改进与 PDCA 循环的运用

秉持持续改进的理念，采用 PDCA（Plan-Do-Check-Act）循环方法，对产品设计、生产制造、供应链管理和客户服务等全价值链持续优化。明确改进目标与行动计划，并执行相应的改进措施。通过收集和分析数据，评估改进效果，形成改进成果，并将成功的改进经验固化为标准、规范和流程，纳入质量管理体系。简单来说，就是系统性地吸收经验教训、整合数据，形成体系化的质量管理工作。我们的目标是避免同样的质量问题反复发生，确保管理者能够识别并解决重复出现的问题，而不是每次都当作新问题来处理。

需要指出的是，质量与品控在实际操作中是极其复杂的，就和数字化系统一样，每个工厂面临的情况和难点都不尽相同。例如，小型工厂可能面临人手不足的问题，员工基本工作已应接不暇，更不用说进行质量体系的变革。在这种情况下，许多工厂都束手无策，只能等待客户服务部门接到客户的抱怨后，再采取事后补救措施。然而，这种补救往往是权宜之计，因为根本的人手不足问题并未得到解决。类似的现象和其他各种细节性的现实问题在不同行业中以不同的形态普遍存在，并且每天都在发生。因此，凡事不可照本宣科，必须因地制宜地制定合适的策略。

5. 包装与发货准备

1）防护包装

（1）科学定制包装与防护方案。

根据机器人产品的具体特性和运输条件，我们应设计并实施恰当的防护包装方案。机器人通常包含精密电子元件、敏感传感器、复杂机械结构等部件，因此防护包装必须具备良好的抗震、抗压、防潮和防静电能力，以有效抵御运输过程中可能受到的影响。例如，应尽量采用专业包装材料（如泡沫、气垫、防震膜和防静电袋），以确保机器人在运输、装卸和储存等环节能够经受住考验。

（2）包装过程管控。

在包装过程中，我们应关注包装材料的选择、包装方法的执行，以及包装后的封箱与标识等各个环节。必须进行包装完整性检查，以确保机器人的各个部件都固定牢靠，无松动、无遗漏。此外，可以进行模拟运输试验，如跌落试验、振动试验和堆码试验，验证包装的防护效果。

（3）环保包装理念与可持续性考量。

在满足防护需求的同时，应尽可能选用可回收和可降解的包装材料，以减少对一次性塑料的使用，降低包装废弃物对环境的影响。此外，应努力选用轻盈的包装材料，并采用绿色包装方式，如优化包装结构、减少过度包装、采用可循环使用的包装容器等。

2）文档与附件

除了前面提到的用户手册，机器人产品附带的文档资料包还应包括保修卡、合格证、装箱单、配件清单和授权证书等，以确保使用者能够方便地了解产品信息、联系售后服务并进行相关注册等。同时，应仔细核对并准备所有必要的附件、备件、工具等，如充电器、电池、遥控器、连接线、安装支架和维修工具，确保它们的种类完备、数量准确，并与机器人产品型号和版本相匹配。在此过程中，还要确保文档的印刷清晰、附件完好无损，并在包装箱内标注出文档与附件的位置，以便产品接收方开箱后能迅速找到。

6. 尊重和利用市场反馈

鼓励用户通过电话、电子邮件、社交媒体、官方网站、用户论坛、在线问卷和面对面访谈等多种形式，分享他们使用机器人产品的真实感受、问题和建议。可以定期发布满意度调查，系统地收集用户对产品质量、性能和售后服务等方面的评价数据。

对收集到的反馈，应进行分类、筛选、核实与登记，确保这些反馈能被及时回复。如果反馈数据较多，则最好能运用数据分析工具，对这些反馈进行挖掘和趋势分析，以识别用户关注的重点问题、满意度变化趋势和产品改进需求等信息。

此外，可以尝试让反馈成为产品迭代与服务升级的驱动力，优先处理市场反馈中反映出的产品缺陷、功能需求和使用痛点等问题，激发用户参与产品改进的积极性。同时，可以定期向外界通报产品改进的进展与成果，让市场感受到其反馈的信息是被重视的。

对行业新人和爱好者来说，这些文字中的一些名词可能较为陌生难懂。但没关系，简单来说，如果你是初次尝试自己制作机器人，那么可能很难一开始就制作太复杂的机器人；如果你正要开始创业，那么很大概率也不会让自己的团队事无巨细地从事各个技术环节。事实上，即便知名企业，也免不了采用“组装”和“外包”的方式。就像我们之前提到的那样，每个人、每个企业在做不同的机器人时，过程也千差万别，甚至有些事是没有标准答案的。你只要通过阅读本书，了解一台机器人大概是怎样诞生的、可能会有哪些环节和事项，给自己的爱好和事业提供一点点辅助参考，就足够了。

第 4 章 机器人的产业逻辑

4.1 机器人产业链全景图

4.1.1 低调的上游环节

在了解了机器人的基本原理和制造方法之后，本章将对机器人产业的现状略加探讨。首先，将目光投向上游环节，这是一个低调却举足轻重的环节，它为机器人产业的稳健发展奠定了坚实的基础。一般来说，上游环节包括原材料供应、核心部件制造和关键技术研发。

1. 原材料供应

机器人产业链的上游环节，始于原材料供应。这是一个平凡却至关重要的环节，涵盖了金属合金、高性能塑料、复合材料和电子元件等各种原材料。这些原材料就像是机器人的血肉，其“健康程度”直接影响机器人的结构强度、耐久性、重量、能耗和电磁兼容性等关键性能指标。

（1）金属合金。

金属合金包括不锈钢、铝合金和钛合金等，常被用于制造机器人骨架、传动部件和连接件等。它们应具备高强度、耐腐蚀和轻量化等特性，以确保机器人在各种环境中都能稳定运行。

（2）高性能塑料。

高性能塑料包括聚碳酸酯、聚酰胺和聚醚醚酮（PEEK）等，常被用于制造机器人外壳、绝缘部件和轻质结构件等。它们应具备良好的机械强度、耐热性、耐磨性和绝缘性能，以及易于加工成型等特性。

下面以聚醚醚酮（PEEK）为例，尽管它长期不为大众所熟知，但自从马斯克声称特斯拉机器人采用了这种材料后，它便随着人形机器人的热潮迅速进入公众视野。

PEEK 是一种半结晶性、热塑性芳香族高分子材料，是特种工程塑料，具有耐高温属性（玻璃化转变温度为 143℃，熔点为 343.84℃）、高强度机械性能（如拉伸强度可达 100MPa）、优异的耐磨性（即使在 250℃高温下也能保持高耐磨性和低摩擦系数）、自润滑特质和生物相容性，以及良好的阻燃和低发烟性。这些特性使 PEEK 在航空航天、石油化工、汽车制造、食品加工和医疗器械制造等诸多领域确立了独特地位。

PEEK 与人形机器人的关联可以体现在人形机器人制造的诸多关键层面。PEEK 的密度小、强度高，当用于机器人骨骼或关节等部位时，可以显著减轻机器人的整体重量。此外，PEEK 能在较大的温度范围内保持良好的机械性能，这使得它非常适合用于在各种极端环境下运行的人形机器人。人形机器人内部的活动部件需要经受反复摩擦和移动，而 PEEK 的耐磨性和自润滑特质可以减少部件间的磨损，延长机器人的使用寿命。

除人形机器人外，其他类型的机器人，如医疗类机器人，可能会接触人体或在医疗环境中使用，PEEK 的生物相容性使其成为安全的选择。生物相容性是衡量一种材料是否适合人体植入的最基本指标，这种材料必须无细胞毒性、诱变性和致癌性，不会引发过敏问题。而 PEEK 良好的热塑性（指可以通过注塑、挤出、3D 打印等多种方式加工成复杂的形状和尺寸），使其便于被用来制造精密且多样的机器人零件。特种机器人可能会遇到各种液体或化学物质，而 PEEK 优异的耐腐蚀性能够保证其在这些环境中长期稳定运行。

在 PEEK 生产厂家的关键指标考量上，批次稳定性、热稳定性、颜色一致性和纯度等尤为重要，生产设备的非标研发与设计能力亦不可忽视，这是保证 PEEK 产品质量稳定的关键因素。此外，PEEK 材料的单位成本与其产品质量间的关联性，直接影响其市场竞争力和应用前景。随着降本趋势的到来，以及一些法律法规的要求，PEEK 有望在更多复杂环境中替代其他塑料产品，其环保优势更加凸显。

当前，PEEK 市场的供需状况相对稳定，还没有开始“狂飙突进”。一旦进一步确认其将在未来机器人技术发展中扮演核心材料的角色、具有大规模应用的潜能，则市场供需平衡便很可能被打破，需求量将呈现迅猛增长态势。PEEK 本身具有期货交易和金融属性，有机会在资本市场和塑化行业中崭露头角，晋升为备受追捧的新一代明星资产。

无论从哪个角度来看，PEEK 都是机器人上游链条中具有典型性和发展预期的一种材料，值得关注。

（3）复合材料。

复合材料包括碳纤维复合材料和玻璃纤维复合材料等，一般具有高比强度、高比刚度和低密度等优点，可以满足机器人的轻量化设计需求，包括无人机的机翼和医疗机器人的手臂等。

（4）电子元件。

电子元件包括各类传感器、集成电路、功率器件和连接器等。电子元件的基本功能是为机器人提供感知环境、处理信息和驱动运动等功能，要求具有高精度、低功耗、小型化和抗干扰等优点。

总体来说，随着机器人产业的发展，对原材料的要求也在不断升级。例如，市场对机器人轻量化设计的需求反过来会推动高强度、低密度材料的发展；环保法规的收紧则会促使企业选择更“绿色”、更符合可持续发展要求的材料。当然，新材料的研发和应用本身也在不断推陈出新、加速变革。例如，智能材料（如形状记忆合金和压电陶瓷）的应用能帮助机器人拥有自适应、自修复等能力。因此，对于上游原材料供应商来说，不仅要满足现有的材料需求，还要紧跟机器人技术的发展趋势，提供符合未来机器人产业发展需求的新材料。

2. 核心部件制造

核心部件犹如机器人的“五脏六腑”，为机器人赋予了类人的生命力。核心部件的性能优劣会直接影响机器人的整体机能。笔者认为，以下五大核心部件尤为值得关注。

1）伺服电机

伺服电机可确保机器人的动作精准、高效且可控，它几乎直接决定了机器人在速度、加速度和位置控制等方面的性能。在机器人系统中，伺服电机不仅是驱动装置，还是实现复杂运动控制的关键所在。伺服电机通过闭环控制机制，结合对位置、速度和力矩的监测与调节，可帮助机器人完成精确定位和动态动作——无论是小心翼翼拿起一枚鸡蛋，还是快速、“粗暴”但精准地组装零部件……

伺服电机的内部结构设计十分巧妙，它通常包含一个小型电机（可以是直流电机，也可以是交流电机）作为动力源。为满足机器人关节或执行器的驱动需求，伺服电机通常与减速器配合使用。内置的传感器，如光电编码器，会不间断地向控制系统反馈伺服电机的实际运动状态，形成一个即时的反馈环路，确保控制指令与实际运动之间保持一致。

交流伺服电机因高动态响应等特性，被不少现代工业机器人所采用。它们能响应微小的控制信号变化，迅速调整转速和方向。直流伺服电机以其简单直接的控制方式等特性，在一些特定应用占据一席之地。值得一提的是，除了强大的控制能力，伺服电机还有效率和功率密度的优势，这意味着在紧凑的机器人结构中，它们能以较小的体积和重量，提供足够的动力输出。

2）减速器

减速器是确保机器人关节运动平稳、有力和精确的核心部件。它们位于伺服电机与机器人肢体或工具端之间，起到“力量倍增器”的作用。通过一系列精心设计的齿轮或其他传动机制，减速器可以把电机的高速旋转转换为低速但高扭矩的输出，这种转换让机器人在保持动作控制精度的同时，能够完成需要较大力量的任务。

减速器的种类有很多，如行星减速器、谐波减速器和 RV 减速器，每种减速器都有独特的优势和适用场景。例如，谐波减速器利用柔轮和波发生器的弹性变形来实现运动传递，具有体积小且重量轻的特点，特别适用于空间受限且要求高精度定位的场景。RV 减速器采用两阶段行星齿轮结构设计，可提供更高的刚性和负载能力，常用于需要承担重载的机器人关节。

在设计上，减速器致力于实现极致的耐用性和最小化背隙，以确保机器人运动的重复精度达到微米级。这种精度对于精密作业至关重要，如汽车装配线、外科手术机器人和复杂的自动化生产流程。

3）控制器

机器人控制器是整合感知、决策和行动的中枢单元，它负责接收来自外部的命令或遵循预设程序。在处理信息后，控制器向机器人的各部件传达精确的控制信号，协调其动作、力量和路径规划，确保机器人能够高效且准确地完成任务。

控制器通常具备出色的计算能力，可运行复杂的算法，包括运动控制算法、路径规划算法，可实现多传感器数据融合。这些能力使机器人能够实时适应环境变化，实现自主导航、避障、物体识别和操作等功能。控制器内部往往配备有高性能处理器、大容量内存和专为机器人控制优化的操作系统，以确保高效的数据处理和任务调度。

在机器人控制器的设计方面，强调模块化与灵活性，以便根据不同的应用需求进行配置和扩展。控制器需要与机器人本体、传感器（如视觉传感器和力传感器）和执行器（如伺服电机及减速器）紧密集成，通过总线技术（如 CAN 总线和 EtherCAT）实现高速通信，确保控制指令能即时传输与反馈。

此外，安全控制是机器人控制器的重要组成部分。它集成了多重安全保护措施，包括紧急停止、故障诊断与保护机制。

一直以来，对于机器人企业是否要自研控制器，业内一直有争论和探讨，下面做一些分析。

如今，许多机器人企业都在致力于提升控制器的软件算法技术，行业巨头如 ABB、FANUC 更是基于相关核心技术自主研发了控制器。近年来，国内也有一些企业开始尝试自主研发和生产控制器。从某种意义上说，这也算是一种趋势。

为什么它们要这样做呢？

企业做出一项决策，通常是为了解决特定问题或实现某些战略目标——能不能有效是另外一回事。如果多家企业做出某项类似的决策，则它们的原因虽未必完全相同，但背后往往存在一些共通的外部环境因素、行业背景和经营思考。下面笔者将总结机器人企业自主研发控制器可能的几点原因。

（1）核心技术自主可控。

控制器是机器人的核心组件，决定了机器人的运动控制精度、响应速度、稳定性、智能化程度等关键性能。自主研发控制器让企业能够掌握这一核心技术，使自己不受制于第三方供应商，保障了企业的技术独立性和产品核心竞争力。与之相关的是，自主研发有助于保护知识产权，防止关键技术被竞争对手复制或被供应商垄断。

（2）定制化与差异化竞争优势。

不同机器人的应用场景和客户需求，可能会对控制器有不同的要求。自主研发控制器使企业能够根据自身产品的特点、市场需求及趋势进行深度定制，开发出与竞品具有差异化的控制算法、功能模块和用户界面，从而提升产品的特性和市场适应性。

定制化控制器可以更好地与企业自主研发的其他核心部件（如伺服电机、传感器）实现软硬件一体化设计，提高系统整体的集成度、效率和可靠性。

（3）成本优化与利润提升。

虽然初期研发投入较大，但长期来看，自主研发控制器有助于降低物料成本。一旦企业成功实现自主研发并规模化生产，就可以避免支付高额的控制器采购费用和潜在的专利许可费，从而降低产品成本。当然，前提是自主研发成功。

自主研发控制器有助于企业优化供应链管理，降低供应风险和成本波动。同时通过内部资源整合，有可能实现更高的生产效率和更低的运维成本。

（4）快速响应与迭代升级。

自主研发控制器使企业能够快速响应市场变化和技术进步，及时对控制器的软件进行更新、优化或添加新功能，无须等待第三方供应商的产品升级周期。这有助于企业快速推出符合最新市场需求的新产品，抢占市场先机。

在遇到问题或客户投诉时，自主研发控制器的企业能够更快地进行故障诊断、修复和改进，提供更及时的技术支持服务，提升客户满意度和品牌忠诚度。

（5）有利于品牌形象。

拥有自主研发控制器能力的企业通常被视为技术领先、创新能力强，这不仅有助于提升品牌形象，还能吸引高端客户、争取重大项目，以及在资本市场获得更高的估值。

（6）供应链安全与韧性。

近年来，全球供应链面临的不确定性不断加剧，如关键零部件供应中断、物流延误、供应商破产等问题，使许多企业愈发重视供应链的稳定性和韧性。自主研发控制器不仅可以降低对外部供应商的依赖，还能提高供应链自主可控性，增强企业应对供应链风险的能力。特别是当关键零部件（如控制器芯片）供应短缺或受限于国际制裁时，自主研发控制器有助于确保企业能够持续生产、减少外部干扰的影响。

然而，自主研发控制器是一项涉及多领域知识、技术集成与市场适应性的复杂工程，它需历经多个严谨的环节和长期的沉淀。对于机器人企业来说，自主研发控制器绝非易事。纳博特、固高等专业从事这一领域的企业，在打造出符合市场需求的高品质控制器之前，无不遵循一套系统化的研发流程。这些企业经过多年的锤炼，才建立起具备规模化研发与生产能力的专业研发中心。

首先，这一过程始于全面且深入的需求分析，旨在明确控制器在各类应用场景中的具体功能要求、性能指标及兼容性需求，为后续设计提供明确的方向。

接着，是硬件选型与设计阶段，工程师需精心挑选合适的元器件和电路架构，以确保控制器的运算能力、能耗控制、散热效能及耐用性等硬件特性与市场需求精准匹配。

在硬件设计的基础上，软件设计环节同样至关重要。开发团队需编写高效的控制算法，实现精准的运动控制、实时的数据处理、友好的人机交互、必要的故障诊断等功能。同时，软件还需与选定的硬件平台无缝对接，确保软硬件一体的高效协同。

在完成初步设计后，控制器进入系统集成与测试阶段。此阶段需进行严格的系统集成调试，确保各硬件模块间通信顺畅、软件逻辑准确无误。通过一系列详尽的实验室测试与现场模拟，验证控制器在各种工作条件下的稳定性和可靠性，以及对异常情况的应对能力。

在测试过程中，如果发现问题和不足，应当触发优化与改进工作。工程师需对硬件设计进行微调，或对软件代码进行重构，以消除缺陷、提升性能、增强用户体验。之后，通过反复迭代优化，直至控制器的各项性能指标达到或超过预设标准，且在模拟及实际应用场景中表现出色。

一旦控制器经受住严格的技术考验，满足所有市场需求，并通过相关认证，便进入产品化与批量化应用阶段。此时，企业需建立标准化的生产工艺，确保大批量生产中的品质一致性，并构建完善的售后服务体系，以支持产品在市场中的广泛推广和长期使用。

总体来说，自主研发控制器是一个系统工程，它涵盖了从需求分析到产品化应用的全过程，每一个环节都需要深厚的技术积累、严谨的工程实践以及对市场需求的敏锐把握。专业厂商通常需要数年乃至更长时间的耕耘，才能逐步构建起成熟的研发体系和生产链路。对于机器人企业来说，想要自主研发控制器并不容易。一旦企业投入大量人力和财力，短期内却无法取得显著成绩，就可能面临尴尬的局面。尤其是在机器人行业快速发展、产品迭代迅速的今天，许多企业的出货量并不高，自主研发控制器很可能得不偿失。

可以说，在全球供应链重新排布、经济格局变化莫测的今天，机器人企业自主研发控制器，是在不确定性中寻求确定性的一种努力。从某种意义上讲，这是一条不归路。但值得肯定的是，随着科技的快速迭代，机器人企业终将主动或被迫地努力提升各个维度的自主研发水平，尽可能使关键环节的技术能力掌握在自己手中。

或许，这也是企业为了在动荡的市场环境中生存而自然产生的朴素愿望。

4）传感器

传感器使机器人能够感知外界环境，并赋予它们视觉、听觉、触觉和嗅觉等多元感知能力。通过实时采集环境数据，传感器为机器人提供了环境认知、物体识别和力反馈等关键信息。这使得机器人能够适应复杂且动态的周遭环境，并实现导航、避障和交互等功能。

5）电源系统

电源系统是确保机器人稳定、高效运行的关键，它包括电池、电源管理模块和充电设备等组成部分。对于需要长时间独立工作的移动机器人和服务业机器人来说，电源系统的能量密度、充放电效率、安全性和寿命等关键属性，会直接影响机器人的续航能力和作业效率，进而影响整机的可靠性。

总体来说，这些核心部件的技术含量高、研发周期长、制造工艺复杂，企业不仅要有深厚的机电一体化技术积累，还要在材料学、微电子技术和算法等领域有所建树。因此，核心部件制造企业要想在行业内领先，可能会面临投资大、门槛高的挑战，其技术进步和创新对整个机器人产业的发展至关重要。

3. 关键技术研发

上游环节还包括关键技术研发，如 AI、机器视觉、自主导航、人机交互和机器人操作系统。它们不仅能推动机器人本身功能的完善，也为下游的系统集成商玩家和机器人的终端应用提供了创新空间。这些技术的相关情况，本书前面已有所提及，在后续章节中还将讨论，故不再赘述。

4.1.2　热闹的中游环节

在机器人产业链全景图中，中游环节无疑是最为活跃且热闹的部分，它连接着上游的原材料和核心部件，同时为下游的市场应用铺垫了道路。中游环节主要包括机器人本体制造、系统集成与二次开发，以及关键软件开发等。

1. 机器人本体制造

中游环节更多地聚焦机器人本体制造，在第 3 章中，我们曾进行过详细的介绍，这里选择一些重点环节再做引申。本体制造商要将上游提供的伺服电机、减速器、控制器和传感器等核心部件，以及关节、骨架和外壳等各类机械结构组件，通过精密的工艺整合与系统集成捏合出完整的机器人。这一过程不仅是对传统制造工艺的应用，也深度融合了智能化、网络化和模块化相关的前沿技术。

（1）精密机械加工。

出色的机器人本体制造离不开精密机械加工技术的支撑。这包括核心部件的制造（如精密轴承和精密齿轮）和结构件的成型（如机器人骨架、连接件和外壳），以及对高精度数控机床、精密磨床和线切割机等设备的使用。在质量控制方面，对精密测量仪器的运用同样关键，它们确保零部件的尺寸公差、形位公差和表面粗糙度等能满足高精度要求。

（2）焊接与连接技术。

机器人本体的许多关键部位，如骨架、底座和关节，常常采用焊接、螺栓连接和粘接等方式来固定。焊接技术，如激光焊接、TIG 焊接和 MIG 焊接，对于机器人本体的结构强度、密封性和疲劳寿命等有着重要影响。现代焊接技术结合了自动化和智能化控制，能够实现高精度、高效率和高质量的焊接作业，确保机器人本体结构的可靠性。

（3）装配与集成技术。

在机器人本体制造的最后阶段，是各零部件的装配与系统集成。这一阶段要求对各部件进行精确对位、合理布局和牢固固定，并进行严格的性能测试与调试。

（4）智能化、网络化和模块化技术。

现代机器人本体制造，越来越注重与智能化、网络化和模块化技术的深度融合。智能化体现在机器人本体设计阶段的仿真分析和优化计算，以及制造过程中的质量监控、故障预警和维护指导等。网络化则是通过物联网、云计算和大数据等技术，实现机器人本体与生产管理系统、远程监控平台、用户终端等的互联互通，提供远程监控、故障诊断和软件升级等服务。模块化则提倡标准化、通用化和可替换的零部件设计，简化制造流程，缩短生产周期，便于后期的维护与升级。

2. 系统集成与二次开发

系统集成商在中游环节占据重要的地位。他们将机器人本体与相关外围设备、软件系统、应用工具等进行深度整合，形成满足特定应用场景需求的成体系的解决方案。在理想情况下，系统集成商应具备足够的技术认知和深刻的产业洞见，能根据不同的目标行业领域进行二次开发。例如，为制造业客户进行自动化生产线的改造、给医疗客户配备特定功能的诊疗机器人，以及为服务业客户打造智能客服机器人解决方案。

（1）深度整合与定制化配置。

系统集成商会对机器人本体，以及相关配套设备进行深度整合，包括但不限于各类传感器、执行器、通信模块和安全防护装置等，并保证各组成部分能丝滑地相互协同，形成高效、稳定且安全的硬件平台体系。在此基础上，系统集成商会结合客户的实际需求，选择或定制合适的软件系统，如机器人操作系统 ROS、控制系统、应用软件和用户界面，实现对机器人行为的精确控制、任务调度和数据管理等功能。而对于特定的应用场景，系统集成商还会集成必要的应用工具或开发平台，包括编程环境、模拟器和数据分析工具等，为客户提供便捷的开发与维护支持等。

（2）行业洞察与二次开发能力。

优秀的系统集成商能深入理解客户所在行业的业务流程、痛点需求和发展态势。因为只有基于此，才能有针对性地进行二次开发，将机器人技术与行业认知深度融合，创造出真正实用且独具特色的解决方案。例如，在制造业中，系统集成商通过集成机器人、AGV 和视觉检测系统等，帮助客户实现物料搬运、装配、质检等工序的无人化和智能化。在服务业（包括零售业）中，系统集成商通过整合资源，根据客户业务现状和场地情况等因素，提供智能客服机器人、迎宾导览机器人和商用清洁机器人等，并整合成综合解决方案，帮助客户更好地服务终端消费者，以科技之力探索降低客户经营成本的方法，增强客户品牌影响力。

（3）项目管理与服务支持。

系统集成项目通常涉及多学科、多职能交叉和多方协同工作的情形，因而对项目管理能力要求较高。优秀的系统集成商不仅技术实力强，还要精通项目管理方法，能有效协调各方资源，提供能快速响应的售后服务（包括设备的安装与调试、客户培训、系统升级、故障排查与维修等）。这不仅是为了维系客户，也是为了让机器人及配套解决方案尽可能最大化地给系统集成商带来价值。

3. 关键软件开发

前面介绍过软件的重要性，软件是赋予机器人智能的关键要素之一。中游环节的软件开发商在此处扮演着至关重要的角色，他们开发和改造的机器人操作系统、控制软件和应用软件等，使机器人具备了不同程度的自主决策、人机交互和数据分析等能力。此外，优秀的软件开发商会为不同目标行业的主应用场景定制算法和应用软件，如机器人路径规划算法、视觉识别算法和语音对话系统。从产业发展的角度来看，他们的努力极大地拓展了机器人的功能边界和应用领域。

综上所述，机器人产业链的中游环节，以丰富的创新活力和多样的应用场景成为整个产业链条中最具看点和活力的一环。这里的参与者们通过不懈努力和创新，推动着机器人向更智能、更人性化和更广阔多元的落地前景迈进。

4.1.3　进击的下游环节

一般来说，在机器人产业链中，下游环节是将技术成果彻底落地，转化成生产力和实现商业价值变现的环节。下游环节通常直接面向市场，包括机器人产品和配套解决方案的部署、销售、服务和市场推广等。下游企业凭借着敏锐的市场洞察力和果断的执行力，既推动着机器人在各个领域的广泛应用和普及，也推动着人们持续增强对机器人的认知。前文在介绍如何打造机器人产品时，有些内容已有涉及，下面笔者从产业视角进行更深入的分析，谈谈下游企业对机器人行业及千家万户的价值。

1. 配套解决方案部署

下游企业有的直接销售机器人，有的通过将机器人本体、系统集成方案转化成实际应用场景里的产品、方案，让机器人彻底从实验室和办公室来到市场。可能有朋友会问，那中游系统集成商和下游企业的价值不就重叠了吗？应该说，的确有类似的地方，例如，都关注市场客户的需求。但总体来说，前者更专注于技术方案的定制与实施，后者更侧重于技术应用带来的效益与价值实现，两者是紧密交织的合作关系。这个过程不仅验证着机器人技术的可行性与实用性，也推动着机器人在更多行业和场景普及。

下游企业在产业链中扮演着类似于“推销员”的角色：将中游的机器人本体和系统集成成果源源不断地推向终端市场，以满足各行各业的需求。从产业协同的视角来看，下游企业通过与中游企业进行深度绑定，反推着技术、产品和服务的整合优化，促进了产业链上下游协同，提高了产业链的运行效率和服务质量。这个流程也会催生新的应用和服务模式，如细分出机器人种类和孕育出新的售后服务模式。这一切都有利于降低市场接纳并使用机器人的门槛，促进机器人市场的消费增长。

同时，下游企业在应用解决方案部署过程中，通过遵循行业标准、安全规范和法律法规，推动了机器人产业在产品设计、制造、集成和服务等环节的标准化与规范化。这有利于降低产业内部的交易成本，提高产业的整体竞争力。

对于普通人来说，下游企业部署的机器人解决方案，要么提高了生活便利性（如服务机器人），要么提高了生产效率（如工业机器人），抑或是提供了新的学习工具（如编程教育机器人），让普通人能享受到科技带来的便利。尽管有些机器人的实用性受到质疑，但我们应该对科技的发展抱有耐心。下游企业对机器人技术人才的需求，为普通人提供了新的就业机会。当然，上游企业和中游企业也是如此，只是下游企业因为离普通人更近，无形中触点更多。下游企业开发和推销的辅助生活类、康复治疗类机器人解决方案（如外骨骼），为特殊人群提供了非常有用的生活支持与康复援助，这在客观上也有助于缩小社会福利差距、提升社会的公平性与包容性。

2. 销售与售后服务网络

市场行为必然会给产业链下游带来多元化的销售网络，包括经销商和代理商等。当然，这并不意味着产业链的上游和中游就没有类似玩家。通过线上与线下多渠道推广并销售机器人，机器人市场的覆盖面及市场成熟度会不断升级。值得注意的是，这些组织往往拥有极其广泛的市场触达能力和人脉，这对于不断推陈出新的机器人产品和类别来说极其重要，因为这有助于打破地域限制，让更多的人接触并接纳这些新产品和新技术，最终让产业规模快速扩张，服务更多的行业与人群。此外，完善的销售网络不仅是产品流通的渠道，还是机器人企业品牌形象塑造与传播的重要载体。通过专业且规范的销售服务，下游企业不仅能树立良好的口碑，提升自家机器人品牌的知名度与美誉度，还能为自身乃至整个产业的持续健康发展打造有利的舆论环境。

对客户来说，与自己接洽的机器人下游企业若拥有完善的售后服务体系，能提供专业的安装、调试和维保服务，自然让人觉得放心，至少有问题时“能找到人”。而适时地升级优化服务，则能让客户通过享受最新的功能与技术，加强他们对机器人厂家的信赖。

除此之外，销售与售后服务网络也是机器人知识与技能普及的重要阵地。通过产品演示、面对面培训和技术讲座等活动，下游企业能够帮助更多的行业和个人了解机器人的基本原理、应用领域和操作方法，提升人们对新技术的理解与接受度，推动全社会对机器人技术的认知与接纳。这不仅是展示企业社会责任感的举动，也是寻找潜在生态合作伙伴、塑造品牌形象的有力举措。

3. 再谈产业与社会侧的意义

让笔者换个角度对前文提到的一些观点进行更细致的概述。

从产业链自身的角度来看，下游企业通过挖掘和创造新的应用场景，以及对不同的行业痛点进行深入研究，倒逼着机器人必须适应各行业的需求痛点和需求变迁，这实质上为上游和中游企业搭建了更广阔的发展空间。也就是说，上游和中游企业想要做大做强，不仅需要在技术创新、产品质量和商业模式等方面推陈出新、主动变革，还要与市场端的动态相匹配。从实际应用的角度来看，市场才是真正能够帮助机器人产品和解决方案不断丰富，并促进机器人产业链整体不断延伸和完善的力量。

从社会意义的角度来看，下游企业通过推动机器人的广泛应用，促进了产业结构的优化升级，为社会经济注入了新动能，并催生了新的就业岗位，优化了就业结构，促进了人才培养。这些工种与岗位包括机器人操作员、维护工程师、系统集成师和专为机器人服务的 AI 训练师等。同时，下游企业所推动的机器人技术在教育、医疗和养老等公共服务领域的应用，有助于缩小城乡、区域间的服务差距，提升公共服务的公平性，从而改善老百姓的生活品质，提升社会福祉。例如，医疗机器人在远程诊疗和精准手术等方面的应用已有很多，这间接提高了医疗服务的质量与效率，为患者提供了更好的就医体验；而教育机器人在个性化教学和智能辅导等方面的探索，促进了教育资源的均衡分配，提升了教育质量。

机器人技术在环保和节能等领域的应用，有助于提高资源利用率，减少环境污染，推动经济社会的绿色可持续发展。例如，农业机器人可以精准施肥、智能灌溉，这有助于减少对化肥农药的使用，有利于保护土壤环境；光伏清洁机器人对光伏板的维护，间接为绿色能源的布局做出了贡献；巡检机器人对厂区及设备的巡查和保养，有助于辅助提升工厂的生产效率，并促进安全生产。

4. 数据采集与应用服务

笔者把数据放在最后讨论，是因为在很多方面，数据是机器人长期进步和广泛应用的基石要素。

数据包括但不限于以下几类：设备运行数据、任务执行数据、用户交互数据，以及环境与场景数据。

1）设备运行数据

状态数据：机器人各个部件（如电机、传感器、关节和电池）的工作状态、温度、能耗和故障报警等板块的监控数据。

性能数据：机器人执行任务的效率、准确性、负载能力和续航时长等指标。

维护数据：使用时间、保养记录、维修史和故障率等，主要用于评估设备的健康状况和预测维护需求等。

2）任务执行数据

工作轨迹：机器人在执行任务过程中的运动路径、动作序列、速度和加速度等。

任务完成情况：如任务的开始时间、结束时间、完成度和成功率，用于评估任务执行情况。

环境适应性数据：如机器人在不同光照、温度、湿度和地形等条件下的工作表现，以及面对障碍物时的表现。

3）用户交互数据

操作数据：机器人使用者对机器人进行控制、编程和设定参数等操作的行为记录，这些数据反映了人对机器人的使用习惯和对机器人的需求。

反馈数据：用户对机器人性能、功能和易用性等方面的评价、建议和投诉。

服务请求数据：如客户发起的远程技术支持要求和故障报修需求记录。

4）环境与场景数据

环境传感数据：机器人通过各类传感器采集的环境信息，如图像、声音、距离、温度和湿度。

地理信息数据：机器人收集的地理位置、地图数据和导航路径等信息。

在数字经济时代，下游企业通过对机器人产生的大量数据进行整合、分析与应用，使机器人产业的营销不仅是以硬件为核心的解决方案的销售，也是对数据驱动服务的推广。下游企业通过收集和分析数据，参与千行百业的发展，为机器人上游企业的研发与制造环节提供了有力的数据支持，引导产业链进行更具针对性的技术研发与产品优化。

例如，通过对城市道路或园区清洁机器人的使用数据进行分析，可以看出特定区域的环卫情况，这既对客户有帮助，也有利于机器人厂家改善自身的产品与服务。由数据驱动的产品迭代能够更快地响应市场变化，提升产品竞争力，让机器人行业成为数字经济的重要组成部分，而不仅是制造业或智能制造的一部分。与之相关的是，数据服务的兴起，也促使机器人企业更加重视数据资产的积累与管理，推动数据采集、处理和分析等技术在机器人领域的发展。

如果我们把视野拉大，可以看到对数据的采集与应用，还能推动机器人产业与其他相关行业的数据共享与协同创新。企业通过建立数据平台、开放数据接口等方式，可实现数据资源的高效流通与整合，构建跨行业、跨领域的数据生态系统。这种数据生态的构建，有利于打破行业壁垒，促进产业链上下游及跨行业的共赢。

当然，这些分析是对理想化状况的描述。现实中不要说跨行业的数据分享，就是一家公司内部也很难无壁垒地分享数据。机器人想要有效地收集数据也绝非易事，这不仅是能力问题，也是因为很多客户不允许你收集机器人数据。但是，也应该看到，各行业的数字化、智能化已是大势所趋，数据的联通势在必行。人与行业的私心无法阻挡时代的洪流。需要的，只是时间。

4.2 那些不得不提的企业与组织

4.2.1 知名机器人组织：你潜在的合作伙伴

在机器人产业链中，存在着众多知名的组织，它们通过提供信息、共享资源、宣讲政策和制定标准等方式，为企业搭建互动协作的平台，从而推动技术创新与产业合作。这些组织包括但不限于行业协会、联盟、孵化器和加速器等。它们在机器人产业生态系统中发挥着至关重要的作用，为产业链上下游提供了多种多样的合作契机，共同推动着机器人产业的发展与进化。本节从行业组织的价值出发，聊聊它们在技术创新、市场开拓、行业规范和政策影响等方面扮演的角色。由于行业组织的类型很多，分类也没有一定之规，故本节主要讨论行业协会与联盟、孵化平台与产业园区。

1. 行业协会与联盟

1）促进交流与创新

行业协会与联盟的本质，或者说截至目前的通用运行模式，是“玩圈子”“做平台”。也就是把行业内的企业、专家和从业者聚到一起，撮合各种机会、抱团取暖。通过组织各类技术研讨会、论坛和展会等活动，构筑产学研交流平台。对企业来说，这些平台是展示自身技术实力和品牌形象的渠道；对行业来说，这些平台促进了圈子内外的思想交流和信息互换。合作与创新的产生，往往源于思想的碰撞和信息的互换。我国各省、区、市的机器人相关行业组织，每年都会举办各种大会和论坛，邀请成员企业出席，进行演讲和产品展示。国际机器人联合会（IFR）参与举办的“世界机器人大会”从本质上也是如此，它通过聚集全球顶尖的机器人科研机构、企业专家学者，探讨机器人领域的前沿技术、热点话题和未来趋势。而每年在北京举办的“世界机器人大会”面向的人群则比较广泛，去观展的人里有大量的非专业观众，包括青少年。

有些做事比较深入的协会和联盟，会通过构建更细分的对接平台，帮助企业间实现技术互补、供应链互补和销售渠道互补，加速科技成果的产业化落地。同时，一些协会和联盟会组织学者及企业一同编纂和发布行业报告、开展市场调研、进行趋势分析等，为成员企业提供市场数据与洞察，帮助大家理解政策、把握市场，以及制定有效的发展规划。例如，中国电子学会发布的《中国机器人产业发展报告》，就包含了国内机器人市场现状、政策环境、技术动态和应用趋势等信息。此外，有的行业组织会筹办各类国际交流活动，如组织参加国际机器人展会、商务考察、项目对接和研学，帮助企业出海，与当地的商会、工厂和官员座谈，寻找国外的潜在市场及合作伙伴，增长见识。近年，随着我国企业出海浪潮的出现，不少商业性、产业性媒体和智库机构也积极开发出海服务，尽力满足出海企业的各类国际化需求。

2）行业规范与标准制定

行业协会与联盟在推动行业规范方面，发挥着关键作用。它们和企业一同参与国内外行业标准的制定与完善，推动行业标准和国际接轨，通过对标准的宣讲、培训等活动，提升行业内的标准化意识，促进机器人企业在技术水平和产品规范等方面的精进，加深广大机器人从业者对市场需求和行业发展方向的认知。

从企业的角度来看，参与甚至发起某些行业标准的制定，在一定程度上有助于其主导业内的技术和产品发展方向，从而获得更多的话语权。换言之，“做标准”能带来品牌、技术、产品和市场等多维度的价值，是企业综合实力的一个侧面体现。对很多企业来说，要想参与到标准和规范制定之中，就要与行业组织合作。很多时候，行业标准制定是由协会和联盟等在行业内组织发起的。很多企业选择花钱加入行业组织，除了获得潜在的市场机会，“做标准”也是其目的之一。

3）政策建言与产业服务

通常来说，行业协会与联盟是政府与企业之间的桥梁，能够及时向政府反映行业诉求，参与政策的制定与调整，争取有利于产业发展的政策措施。同时，行业协会与联盟通过提供政策解读、咨询服务、专业培训和市场调研等，能帮助企业应对政策变化，提升企业经营管理能力。很多企业其实缺乏有效、深度地开展调研的能力，市场侧的调研相对容易一些，因为销售人员本身就在“战场”里，可以通过与供应商、经销商甚至客户的合作获取信息；战略侧的调研更具挑战性：既要洞察时代大势和产业趋势，又要确保提出的建议和策略能满足企业的战略需求，并具有可落地性，即能与企业经营的具体情况深度结合，切中企业内部管理和业务推进的痛点。因此，如果有行业协会与联盟能提供一些洞察研究方面的协助，自然再好不过。需要注意的是，一般来说，它们很难深度把握企业具体情况，且因其自身属性，研究视角通常较为宏观。说句题外话，咨询公司也是如此，且不说很多科技企业没有经费聘请咨询公司，即便请了，咨询公司也未必能真的深刻理解细分科技行业。

2. 孵化平台与产业园区

高新技术园区、机器人小镇、创新孵化器和产业基地等，是机器人产业创新发展的重要载体，它们为初创企业和发展中企业提供了集硬件设施、政策优惠和产业生态资源于一体的综合服务平台。这些平台，如松山湖机器人产业基地和张江机器人谷，不仅有助于孵化更多的创新企业，还能推动构建产业融合、资源共享以及合作共赢的生态体系。很多这样的平台背后都是政府在支持与主导。

1）硬件设施与研发环境

孵化平台与产业园区通常环境优美，配备现代化的办公空间、便捷的生活服务（如在园区里配套安排便利店和餐厅）和现成的厂房，甚至配备先进的实验室、测试设备、专业的生产制造设施等硬件资源，为入驻的机器人企业提供一流的研发与生产环境。优秀的硬件设施有助于企业提升形象、招聘人才、加快研发进度和提高生产效率。须知大部分机器人企业实际上属于制造业，而传统制造业给人的印象是办公室简单、厂房灰蒙蒙、车间嘈杂，等等。

2）政策扶持与资金支持

身处机器人等新型行业和科技产业的企业，需要投入大量资源进行产品研发和市场拓展。由于融资和销售带来的营收往往充满不确定性，因此政策支持很可能是其挺过投入期的关键因素。一部分企业会在政府的帮助下支撑到实现“自我造血”。其中除了国家的宏观产业政策，还有地方政府针对本地企业提供的具体支持措施。对于入驻孵化平台或产业园区的企业，地方政府可能会通过设立专项基金、实施税收减免、提供租金优惠，以及制定人才引进政策等措施，帮助企业降低运营成本，加速技术成果转化，并吸引和留住高端人才。

3）丰富的产业生态链资源

在入驻政府支持的孵化平台与产业园区后，在理想情况下，企业能够迅速融入机器人产业生态链，与众多优秀的同行企业、研究机构、供应商、服务商和投资机构等建立紧密联系。孵化平台与行业协会和联盟类似，也会举办一些行业论坛、技术交流会、创业大赛、投融资对接会和走进校园等活动，促进企业间的交流合作与资源共享。有些孵化平台会提供更具体的创新服务，如知识产权咨询、技术转移、市场开拓和人才培养。同时，孵化平台会推动企业参与国际交流与合作，通过引进来、走出去的方式，拓宽企业的国际视野，提升企业的全球竞争力。只不过，相较于行业协会与联盟，孵化平台与产业园区更多的是立足于自身这个“园区”、“小镇”或“孵化器”来开展这些活动的，主要是服务已入驻企业，招揽新企业入驻。

需要提醒的是，从企业的角度出发，无论是加入孵化器，还是把公司设在某个园区，本质上都属于企业经营中的重要事项，与所有其他需要调查、研究、谈判和投资的事务一样，应当在全面考察、详尽沟通后再做决定。

4.2.2　机器人研究机构：机器人生态的重要一环

机器人产业的繁荣，离不开机器人研究机构的参与。机器人研究机构不仅是技术研发的前沿阵地，也是机器人产业链中的关键节点。它们通过基础研究、技术创新、人才培养和成果转化等多种途径，推动着产业生态的创新与发展。

1. 国际顶尖研究机构

在全球范围内，有一批著名的高等学府和研究机构在机器人领域取得过巨大成就，它们凭借深厚的科研底蕴、蓬勃的创新能力和广泛的国际影响力，为机器人产业的发展注入了动力。

1）美国卡内基·梅隆大学机器人研究所

作为全球最早设立的机器人专业研究机构之一，卡内基·梅隆大学机器人研究所（CMU RI）在无人驾驶、人机交互、AI 和机器人伦理等多个领域处于世界领先地位。尤其是其在自动驾驶技术方面的开创性研究，对自动驾驶行业产生了深远影响。1995 年，卡内基·梅隆大学路测了一辆无人车，实现了“自动穿越美国”的计划。从广义上讲，自动驾驶汽车也可被纳入机器人概念范畴。

2）日本的东京大学和早稻田大学

东京大学 JSK 机器人实验室是全球领先的机器人研究机构之一，几乎代表了日本在人形机器人研究领域的最高水平。该实验室自 20 世纪 80 年代以来，一直致力于推动各类机器人技术的发展。2023 年，东京大学与日本 Alternative Machine 公司合作，开发了一款由 GPT-4 驱动的人形机器人 Alter3。该机器人允许用户通过语音输入来控制，而无须事先编程，展示了大模型在机器人控制领域的应用潜力。

早稻田大学在人形机器人研究领域具有深厚的历史传承和人才积淀，其研究人员在双足机器人的行走、平衡、情感表达和运动规划等多个方面进行过深入研究，并在国际会议上发表了大量论文。1973 年，早稻田大学的加腾一郎开发了很可能是世界上第一款大尺寸且完整的类人机器人 WABOT-1，而享誉全球的早稻田高西淳夫研究室则开发过 WABIAN-2R 和 WABIAN-2RIII 等机器人，在双足机器人研究领域处于领先地位。高西淳夫正是加腾一郎的学生。早稻田大学还开发过 KOBIAN-RIV 机器人，这是一款具有情感表达能力的双足人形机器人，具备 64 个自由度和多种感知器官。

3）欧洲的瑞士联邦理工学院洛桑分校

该校在机器人领域的贡献是多方面的，例如，其研究人员开发过可以改变形状、移动并与物体和人互动的折叠式机器人 Mori3，它能够从 2D 三角形变成几乎任何 3D 形状，为模块化机器人的发展提供了新思路。此外，该校的可重构机器人实验室（Reconfigurable Robotics Lab，RRL）开发了一种传感器，能够感知弯曲、拉伸、压缩和温度变化，有望提升柔性机器人的触觉灵敏度。医疗类机器人也是该校研究的重点。他们曾开发用于运动评估、康复和疗法的神经机器人平台和外骨骼机器人等。该校还曾展示一种脑机接口，这种接口可用于控制机器人，是很好的跨领域研究和人机交互模式探索的尝试。

4）中国的上海交通大学机器人研究所

上海交通大学机器人研究所成立于 1985 年，其前身可追溯至 1979 年成立的机器人研究室。作为中国最早从事机器人技术研发的专业机构之一，该研究所拥有国家 863 计划下的机器人柔性装配系统网点实验室。目前，该研究所主要在机器人学、工业机器人作业系统与装备自动化技术、生物医学机器人与生机电一体化技术等领域开展研究和产学研合作。

5）中国的机器人技术与系统全国重点实验室

机器人技术与系统全国重点实验室起源于哈尔滨工业大学机

器人研究所，该研究所始建于 1986 年，是中国最早开展机器人技术研究的单位之一。该实验室已形成了多学科交叉融合的研究方向，涵盖机器人设计方法与共性技术、智能感知与行为控制、人机交互与和谐共融，以及机器人系统的创新集成等。

2. 国家级科研机构与实验室

各国政府主导设立的国家级科研机构，在机器人的发展中天然扮演着重要角色。例如，美国国防部高级研究计划局（DARPA）资助过一系列先进机器人技术的研发项目。这些项目不仅推动了机器人技术的快速发展，也促进了相关科技成果的军事及民用转化。事实上，美国科技史上的很多篇章都和这家机构有着千丝万缕的联系，如相控阵列雷达、气象卫星、核爆探测、精确武器、隐形技术、互联网、语音识别与翻译以及全球定位系统。DARPA 成立于 1958 年 2 月，是隶属于美国国防部的一个行政机构，从编制上看独立于各军种，长期致力于为影响美国国家安全的突破性技术进行关键性投资，旨在通过高风险、高回报的技术研发，实现技术的颠覆性变革，是美国国家科技创新的典型代表。其成立的起因是苏联第一颗人造卫星成功发射给美国带来的震撼，以及与此同时，美国首颗人造卫星搭载的“先锋”号运载火箭发射失败。这些事件促使时任美国总统艾森豪威尔签署文件，最终使得这一机构问世。

中国的机器人学国家重点实验室（State Key Laboratory of Robotics）依托于中国科学院沈阳自动化研究所，其前身是中国科学院机器人学开放实验室。该实验室是中国机器人学领域最早建立的部门重点实验室。机器人学领域著名科学家蒋新松院士于 1989—1997 年曾任该实验室主任。近 20 年来，该实验室在机器人学基础理论与方法研究方面与国际先进水平同步发展，并在机器人技术前沿探索和示范应用等方面取得了一批有重要影响的科研成果，充分显示出其具有解决国家重大科技问题的能力。目前，该实验室机器人学研究总体水平在国内相关领域处于核心和带头地位，是国内外具有重要影响的机器人学研究基地。

3. 科研联盟与跨界合作平台

在机器人领域的研究中，科研联盟与跨界合作平台正日益展现出强大的聚合与推动作用。它们自发或在政府的支持下，通过汇集超越国界的科研力量、产业资源和跨领域专业知识，形成合力，共同攻克机器人技术的共性难题，加速技术成果转化。

以欧盟为例，作为全球科研合作的重要推动者，欧盟长期以来通过各类科研框架计划（如 Horizon Europe、FP7 和 H2020）资助一系列机器人研发项目。这些项目通常覆盖从基础研究、技术开发、示范应用到标准制定的全链路环节，旨在推动欧洲乃至全球机器人技术的创新与进步。例如，“地平线欧洲”（Horizon Europe）计划的“数字、AI 与机器人”专题重点资助了智能制造、医疗保健、农业和交通等多个领域的机器人技术研发与应用项目。这些项目不仅促进了机器人在各行业的广泛应用，还加强了欧盟成员国之间的科研合作与资源共享，提升了欧洲机器人产业的整体竞争力。

由全球多家知名企业和研究机构组成的机器人技术创新联盟，如机器人技术与自动化学会（IEEE Robotics and Automation Society，IEEE RAS），通常聚焦于特定技术领域或行业应用，解决关键技术的共性难题。IEEE RAS 主办的国际机器人与自动化大会（International Conference on Robotics and Automation，ICRA），是全球机器人领域的顶级学术盛会，吸引了众多科研人员与企业代表参与。此外，一些跨越传统学科界限、汇聚多领域专家的跨界合作平台，也在机器人产业中发挥着重要作用。例如，有些国家成立了生命科学与工程学交叉的研究组织，以及 AI 与机器人交叉创新的实验室等。通过打破学科壁垒，推动生物医学、AI、材料科学、信息技术等领域的前沿技术与机器人结合，催生出生物机器人、智能假肢和神经接口控制机器人等新型机器人，扩展了机器人的应用领域与发展空间。

4.2.3　影响了世界的机器人企业

机器人产业的蓬勃发展得益于众多优秀企业的参与和贡献，其中“四大家族”尤为突出：日本的发那科和安川电机、瑞士的 ABB 集团以及德国的库卡。这些企业凭借其前瞻性视野、创新技术和卓越产品，不仅深刻改变了我们的生活方式，也对全球产业结构产生了重大影响。

1. 发那科

发那科（FANUC）是全球知名的工业机器人制造商，在数控系统领域进行了大量投入。根据其官网的描述，发那科是“由机器人来做机器人的公司”。该公司的机器人产品系列极为丰富，拥有约 260 种不同型号的机器人，负载能力从 0.5 千克到 2.3 吨不等。这些机器人被广泛应用于装配、搬运、焊接、铸造、喷涂和码垛等多种工业场景。

2. 安川电机

安川电机（Yaskawa Electric Corporation）成立于1915年，是全球工业自动化领域的知名企业。安川电机涉足多个技术领域，包括变频器、伺服电机、控制器、机器人和各类系统工程设备。该公司的产品和技术广泛应用于电子元件安装、机床设备和医疗器械等领域。

3. ABB 集团

ABB集团是一家总部位于瑞士苏黎世的全球性电气工程集团。该集团由瑞典的ASEA公司和瑞士的BBC Brown Boveri公司于1988年合并成立。ABB集团专注于提供电气化和自动化解决方案，以及相关的服务和产品，其产品线涵盖了电力和自动化技术领域的多种产品，包括电力变压器、配电变压器、高压开关、中压开关、低压开关、电气传动系统、电机和工业机器人等。这些产品广泛应用于工业、商业、电力和公共事业等多个领域。

4. 库卡

库卡（KUKA）是一家总部位于德国奥格斯堡的国际自动化集团公司。作为全球智能自动化解决方案的供应商，库卡向客户提供全面的一站式解决方案：从机器人、工作单元到全自动系统及其联网的各个环节。库卡服务的市场领域包括汽车、电子产品、金属和塑料、消费品、电子商务、零售和医疗保健。2016年，库卡加入中国的美的集团，成为其一部分。

5. 波士顿动力

波士顿动力（Boston Dynamics）由 Marc Raibert 于 1992 年创立，起源于麻省理工学院的一个研究项目，总部位于美国马萨诸塞州沃尔瑟姆市。凭借在军用机器人和仿生机器人领域的突破性进展，波士顿动力声名鹊起。其开发的双足人形机器人 Atlas 和四足机器人 Spot 享有广泛的知名度。2024 年，原本由液压驱动的 Atlas 机器人宣布退役，取而代之的是全电动的人形机器人。

6. iRobot

iRobot 成立于 1990 年，以其家用服务机器人而闻名，尤其是其广受欢迎的 Roomba 扫地机器人系列。相对不太为人所知的是，该公司还涉足开发过军事和特种用途的机器人，包括 Ariel 和 PackBot。其中，后者于 2001 年的“9・11”恐怖袭击事件后，参与了世贸中心的搜寻行动。2005 年，iRobot 成功在纳斯达克上市。

7. 特斯拉

特斯拉（Tesla）并非传统意义上的机器人公司，其在机器人领域的探索主要体现在开发名为 Optimus 的人形机器人上。特斯拉汽车的部分技术也被应用到了这款机器人上，该项目显著提升了全球对人形机器人领域的关注。特斯拉最初的目标是让机器人服务于家庭，替代人们从事重复枯燥的工作，如做饭、修剪草坪和照顾老人。然而，截至 2024 年 5 月，Tesla Bot 更可能先在工厂车间等制造业场景中得到应用。

全球知名的机器人公司还有很多，尤其是在人形机器人领域，近两年的热潮中涌现了多家明星公司。这些公司通过不断地创新与实践，不仅推动了机器人技术的发展，也在供应链上游掀起了波澜，加快了机器人技术服务人类生产生活的脚步。

然而，随着时代的变迁，几乎没有任何一家企业能够永远占据领先地位。地缘政治的复杂性、市场竞争的残酷性、技术迭代的快速性和消费需求的多变性，使得许多曾经风光无限的明星公司，在极短的时间内遭遇市场份额下滑、创新能力减弱、品牌影响力下降等问题，甚至直接退出历史舞台。这在机器人等科技领域中几乎属于常态。尽管一个个企业会“你方唱罢我登场”，但一些根本性的东西却永远不会消散，如逐利性、创新精神和使命感。它们如同基因一般，在一代代企业家和创业者中不断传承。

因此，从某种意义上说，企业作为市场经济运作的基本单元，就像是一种“容器”。我们在关注明星企业本身的同时，更应珍视和思考那些驱动它们不断迭代和前行的内在动力。

4.3　机器人活动与竞赛

机器人领域的活动与竞赛是该领域的重要组成部分。它们在全球范围内激发了创新热情、促进了技术交流，并推动了科研成果的转化与应用。下面列举一些在全世界范围内具有一定影响力的机器人活动与竞赛。

1. FIRST Robotics Competition（FRC）

FRC 是由美国非营利组织 FIRST 发起的一项全球性高中机器人竞赛，该竞赛旨在鼓励学生投身于科学、技术、工程和数学（STEM）领域，通过团队合作设计、建造并操作机器人参与竞技。

参赛团队通常需要在限定的时间内搭建重量超过一定标准的机器人，并使机器人能够完成特定的任务，如投球、飞碟和悬挂。

2. World Robot Olympiad（WRO）

WRO 是一项面向全球不同年龄段青少年的国际性机器人赛事，涵盖的年龄范围从 8 岁到 19 岁。它通过设置富有挑战性的任务，旨在培养青少年的创新思维、团队协作及科学技能，并涵盖多种类型的机器人竞赛项目。作为每年一度的赛事，WRO 已成为世界青少年科技文化交流的重要平台。

3. VEX Robotics Competition（VRC）

VRC 是一项面向从小学生到大学生的全球性机器人设计与竞技活动。其特点是采用了统一的 VEX 机器人器材，并设计有详细的竞赛规则和场地安排。VRC 鼓励参赛者通过动手实践和团队合作来提升工程和编程能力。竞赛包括组队、设计、搭建、编程、迭代和训练等一系列任务，不仅是一项竞技活动，还强调教育意义，旨在通过机器人设计和竞赛培养学生的 STEM 素养。

4. RoboCup

RoboCup 机器人世界杯是一项国际性的年度机器人足球赛事，自 1992 年由加拿大大不列颠哥伦比亚大学的教授 Alan Mackworth 首次提出以来，已有数十年的历史。

5. International Aerial Robotics Competition（IARC）

IARC 自 1991 年起开始举办，是世界上历史最悠久的大学级别空中机器人竞赛。它专注于无人机技术的研发与创新，参赛团队需设计和建造能完成复杂空中任务的自主飞行机器人系统。IARC旨在通过创建那些被认为“不可能”的任务来推动空中机器人技术的发展。它要求参赛机器人具备高度自主性，包括但不限于完全自主飞行、避障和追踪等能力。

6. DARPA Robotics Challenge（DRC）

DRC是由美国国防高级研究计划局（DARPA）举办的机器人挑战赛，旨在推动应急救援机器人技术的发展。DRC自诞生以来催生了许多创新技术和解决方案。该挑战赛起源于应对紧急事件的需求，如福岛核泄漏，旨在发展能够在灾难响应中代替人类进入危险环境的机器人技术。

4.4 中国机器人公司，岂止组装厂

曾经，一位读者提出过这样一个问题：中国的机器人公司，是否只是组装厂？无独有偶，不久前一位投资人对笔者表达过这样一个观点：他认为中国的很多机器人公司，本质上没有投资价值，如果不是出于现实的考量，他不会投资任何一家。

其实这个话题，不太好讨论，不同的人有不同的看法，根源在于标准、角度、立场的迥异。而且这个话题也不算新鲜和特别，归根结底，无非就是存在这样一种疑问：中国的机器人到底是什么水平？

在回答这个问题之前，其实笔者很想反问一句：为什么中国机器人公司不能是组装厂？进一步剖解，其实就是这几个问题：如何

评价一家机器人公司的价值？应该从哪些维度考量一个国家的机器人发展水平？如何评判中国机器人产业的水平？核心部件自主化到什么程度了？中国机器人企业在哪些方面达到世界一流水平了？

首先，在特定技术领域和产业生态方面，中国已经达到了世界一流水平。在人工智能相关技术，如机器视觉、语音识别、自然语言处理，以及特定工艺的机器人自动化解决方案方面，如焊接、打磨、装配，部分中国企业已经将这些技术提升到了很高的水平。同时，中国在机器人产业园区建设、创新平台搭建、产学研协同创新、产业链上下游资源整合等方面也表现出色，构建了较为完善的产业生态环境，为机器人产业发展提供了有力支撑。在互联网上，只需简单询问或搜索，就能发现大量与机器人相关的组织、园区和创新平台。

从市场规模与产量来看，中国已经处于高水平。作为全球最大的机器人市场和生产国，中国的机器人销量和产值均位居世界前列。这表明中国在市场需求、产能规模和市场接纳度等方面已处于世界领先水平。

在品牌影响力和国际市场竞争力方面，中国已经涌现出一批具有较强国际知名度的机器人品牌，如新松、埃斯顿、高仙、极智嘉等。然而，与“四大家族”等国际巨头以及波士顿动力、特斯拉等明星企业相比，中国企业在品牌影响力和市场竞争力方面仍有较大的提升空间，因此，将中国企业的品牌影响力和市场竞争力评为中等水平是合理的。

在产品种类和应用领域维度方面，笔者认为中国应处于中高水平之间。中国机器人产品已经覆盖了工业机器人、服务机器人、特种机器人、人形机器人等多个类别，并广泛应用于制造业、医疗、教育、物流、农业等领域。似乎没有哪个重要的机器人类别和应用场景是中国企业尚未覆盖的。

谈到产品和应用，就不得不提及产业链。中国机器人产业链已经涵盖了上游的关键零部件、中游的本体制造、下游的系统集成和应用服务。但产业链的高端部分，如高端传感器、高性能材料等，仍存在依赖进口的情况，产业链的整体自主化程度仍有待提升。因此，如果要严格评估，那么将产业链完整度评为中等水平较为恰当。

再由此延展到核心技术与自主化方面，中国同样处于中等水平左右。近年来，中国在机器人的一些关键核心技术上已经取得了一定的突破，但与世界顶尖水平相比仍有差距。具体来说，高精度伺服电机、精密减速器、高性能控制器等核心部件的自主化程度虽然有所提高，但仍部分依赖进口。

在核心部件的自主化方面，有哪些提升空间呢？下面以伺服电机、精密减速器和控制器为例进行简要探讨。

（1）在伺服电机的研发与制造方面，中国已有一批企业能够生产满足中低端市场需求的产品。然而，对于高端应用所需的高精度、高动态响应、低振动噪声的伺服电机，自主研发能力仍需加强。

（2）在精密减速器领域，RV 减速器和谐波减速器是工业机器人的核心部件，虽然中国部分企业已实现批量生产，但在精度保持性、寿命、稳定性等方面，与日本纳博特斯克、哈默纳科等国际领先企业相比，仍存在一定差距。

（3）在控制器方面，中国在硬件设计、底层算法开发方面已具备一定基础，能够自主研发适用于一般应用的控制器。但是，对于高端应用所需的高性能实时控制、复杂运动规划、故障诊断等功能，以及与国际主流总线协议的无缝对接、自主化程度仍有待提升。

需要说明的是，以上只是笔者当下的认知和看法，若有不同意见的朋友，欢迎提出指正。

让笔者把时钟往回拨一拨。1959 年，美国 Unimation 公司推出了世界上第一台工业机器人。1982 年，中国科学院沈阳自动化研究所研制出了中国第一台工业机器人，拉开了中国机器人产业化的序幕。也就是说，中国的工业机器人起步比西方国家晚了二十多年。因此，无论如何，中国机器人能取得今天的成绩，实属不易。

20 世纪 80 年代，中国的制造业基础相对薄弱，而当时的欧美、日本和韩国的汽车和电子行业已经相当发达。受产业化条件的限制，中国工业机器人的研究步履维艰，更不用说其他类型的机器人了。当时国内在高端人才的培养和供给方面严重不足，无法满足机器人科研的需求——机器人技术是一个集机械、电子、控制、传感器等多学科技术能力的高壁垒领域，需要大量专业人才。

因此，二十世纪八九十年代，中国机器人在业界的存在感不强。大多数人对机器人的直观感知，可能还是来自《变形金刚》《铁臂阿童木》《恐龙战队》，以及一些欧美科幻图书。

到了 21 世纪，中国对机器人，尤其是工业机器人的支持力度不断增强，推动中国机器人产业进入新的发展阶段。但由于起步晚且尚未掌握核心技术，国内机器人企业在与国际巨头的竞争中仍显不足，往往只能从一些相对简单和边缘的领域寻找突破，如系统的二次开发、定制零部件、售后服务和组装工作。这些工作虽然重要，但附加值相对较低。这也导致了“中国机器人公司只是组装厂”的印象开始形成。与此同时，“四大家族”长期占据着中国机器人市场70%以上的份额，几乎完全垄断了汽车焊接等核心应用场景。

但是，组装和偏向低端市场只是中国机器人产业发展的一个历史阶段，也是权宜之计。在模仿、组装和学习的过程中，中国工业机器人的水平也在不断提升。根据MIR的数据，2017—2021年，中国工业机器人的国产化率由24.2%提升至32.8%。同时，中国企业逐步从中低端市场向中高端市场转型。例如，绿的谐波等企业在核心零部件方面展现出了一定的实力，而在价格和售后服务等方面又比一些国外企业更具优势。这为中小企业提供了启示，价格和服务可以帮助企业入局，但想要实现长期发展，就必须培养出核心竞争力，勇于与领域内的强者较量。否则，很难突破现有的经营局限。

最后，让我们再次回到本节开头的问题：中国的机器人公司是否只是组装厂？实际上，是否是组装厂并不那么重要。中国机器人的影响力正在不断扩大，技术和产业也在不断进步，这已经足够说明问题。

自2010年以来，人工成本的上升让人们直观地认识到“机器替人”的必要性，这也成为中国机器人产业发展的另一驱动力。在汽车制造、电子装配、仓储物流、家装建材等行业，机器人替代人工的需求日益增长，尽管各行业的落地速度不尽相同。

最后，再次探讨一下中国企业的出海战略——这个话题在第8章将有更详细的讨论。中国企业的出海是近两年才“火起来”的，但可能很少有人知道，中国机器人产业的崛起其实长期与海外合作有关。最经典的例子是在 20 世纪 90 年代初，为了实现下潜 6000 米的目标，中国科学院沈阳自动化研究所与俄罗斯远东海洋技术问题研究所合作，共同开发了 CR-01 型水下机器人。

当然，更广为人知的故事发生在近几年。例如，埃斯顿在 2019 年收购了德国拥有百年历史的焊接机器人品牌 Cloos，一跃成为焊接机器人领域的头部企业；美的集团收购了德国库卡，使得“四大家族”之一成为中国的“势力范围”；普渡、科沃斯等服务机器人企业在海外市场积极布局，设立销售网络和服务中心，取得了显著成效。

现在，让我们回到本节开头提出的那个问题：中国的机器人公司是否只是组装厂？其实，是不是组装厂，有那么重要吗？中国机器人的影响力正在不断扩大，技术和产业也在不断进步。这本身就是一个值得肯定的成就。

第 5 章 机器人的投资价值

5.1 基于长逻辑的价值判断

机器人技术在本质上属于交叉学科，涉及机械、电子、通信和计算机等多个领域，这种跨学科的特性为投资者既带来了机会，也带来了挑战。例如，对于股票投资者来说，他们可能需要特别关注机器人领域的上市公司，因为这些公司与多个主题相关联，其股价在牛市时可能会表现出较大的波动性。因此，在了解了机器人行业的历史、大体构成、行业特质和产业概况后，有必要顺藤摸瓜，探讨机器人行业独特的长逻辑。由于我国是近年来最强劲的机器人发展国之一，所以本书就以中国为主体进行阐述。

第一，从长远来看，中国及全球机器人产业的未来关键词是“增长”，这几乎是必然的。正如本书前面所论述的，除非遇到重大技术瓶颈或出现破坏人类基本伦理底线的事件，人类不可能停止发展提高效率、辅助人类的“智能助手”。尽管近年来全球化因为地缘政治等因素遭受挫折，世界经济也充满不确定性，但全球机器人产业的总体发展态势不会变。尤其在中国，机器人产业的腾飞已在路上。正如中华人民共和国国家发展和改革委员会官网刊发的《从业界新变化看战略性新兴产业的 2023 年》一文所写的那样：“国际机器人联合会（IFR）近日发布的《2023 世界机器人报告》显示，中国的机器人安装量增长了 5%，并在 2022 年达到 290258 台的新高峰，占全球安装量的 52%，运行存量突破 150 万台的历史纪录。为了服务中国这个全球最大市场，国内外机器人供应商纷纷在中国建立生产工厂，并不断提高产能。”国家统计局于 2024 年 2 月 29 日发布的《中华人民共和国 2023 年国民经济和社会发展统计公报》显示，2023 年中国服务机器人产量 783.3 万套，增长 23.3%。此外，中国机器人的国际化步伐也在加快，民族企业正积极拓展海外市场，与国际合作伙伴开展技术交流和项目合作。IFR 数据显示，2023 年中国工业机器人出口量再创新高，达到 11.83 万台。

第二，需要注意的是，尽管机器人有多种分类方式，但主要仍分为三大类：工业机器人（约占 53%）、服务机器人（约占 34%）和特种机器人（约占 13%）。其中，服务机器人还可以进一步划分为个人 / 家用服务机器人和公共服务机器人（关于机器人的分类见 2.1 节，此处不赘述）。这种分类方式及占比数据在短期内不会改变。

第三，推动中国机器人行业长期成长的动力，除了前文提及的政策因素，还包括人口老龄化、青壮年劳动力短缺和机器替代人工，以及制造业机器人密度的提高等。

特别是人口老龄化，为服务机器人领域开辟了广阔的市场空间。这不仅因为老年人口的增加促使国家需要借助更多科技手段来照料陪伴老年人，也因为社会压力使得独生子女难以承担赡养老人的重担。因此，只要服务机器人技术能力能够稳步提升，市场机遇就十分广阔。尤其是在建筑等劳动密集型行业，已经开始出现青壮劳动力日渐短缺等痛点，这就给数字建造和建筑机器人的发展带来了新的机遇。

随着人力成本的上升和机器人价格的下降，机器替代人工的趋势日益明显。这一趋势的背后，是稳健性优化和性价比提升的双重影响。其中还有一段有趣的历史插曲。20 世纪 90 年代，日本和欧洲经济繁荣、亚洲四小龙风头正劲，导致人力成本普遍上升。对机器人产业来说，这显然是一个机遇，但这一机遇却意外地被我国加入 WTO 这一历史性事件干扰：我国凭借庞大的劳动力市场，一度成为全球制造业的中心，被称为“世界工厂”。而机器人无论如何不可能比我国劳动力性价比更高。现在，历史又走到了一个有意思的关口：印度人口已超越我国，那么印度能复制我国当年的成功吗？这是一个复杂的问题，毕竟国际环境、科技水平都和当年不同，两国国情的差别也很大。此外，我国机器人的成本降低速度也是一个重要考量因素……但这的确是一个可以深入研究的课题。

在许多制造业细分领域，自主创新这个逻辑普遍存在，尤其在机器人行业表现更为明显。机器人在汽车行业的应用最为广泛。在传统燃油车领域，尽管我国拥有一定的产能，但缺乏成熟的产业链，因此在供应链中的话语权相对较小。但在新能源汽车领域，我国已处于领先地位。以电池为例，新能源汽车的电池成本大约占汽车总成本的 40%~60%。近年来，随着我国新能源汽车产业的蓬勃发展，我们已经培育出几家在全球具有竞争力的动力电池企业，这些企业的综合技术指标，包括续航里程、能量密度和单车性价比等，在全球范围内处于领先地位。既然有产业，自然就会带动相关产业链的发展，包括机器人，尤其是工业机器人。仅凭这一点，我们就应该对我国机器人的未来保持乐观态度。

接下来讨论制造业机器人密度，这是衡量制造业自动化程度的关键指标。据 2023 世界机器人大会的数据，2022 年中国工业机器人的装机量占全球比重超过 50%，稳居全球第一大工业机器人市场，同时，中国制造业机器人密度已达到每万名工人 392 台。

以上就是关于机器人产业的一些基本逻辑，无论机器人是否是当前市场和舆论的焦点，这些逻辑都基本保持不变。

5.2　机器人企业商业模式浅析

在对基本逻辑进行深入分析之后，让我们转向机器人企业的商业模式。这是评估一家机器人公司投资价值的关键维度之一。接下来，笔者将对几种典型的机器人企业商业模式进行分析。

5.2.1　硬件销售模式

许多机器人企业的主要盈利来源是对自己代理的或是自主研发的机器人设备进行销售。尤其是前者，其盈利模式相对简单，主要是代理销售品牌或厂家的机器人设备。但更值得一提的是，后者——这些企业凭借其深厚的技术底蕴和行业经验，专注于打造适用于各类场景的高性能机器人系统。因此他们推销的虽然是硬件，但并不意味着只提供单一的机器人本体，可能还包括与之配套的控制系统、驱动单元、传感器、夹具工具和软件平台等全套系统组件。针对客户需求，成熟有实力的企业还提供售前咨询、方案设计、设备选型、系统集成、现场安装调试、人员培训和售后服务等全流程支持，以确保机器人系统能够迅速融入客户现有的生产环境，满足客户的预期需求。因此，有些企业的“硬件销售模式”实际上是以硬件为载体的“综合解决方案和服务模式”。

5.2.2 解决方案提供商模式

事实上，许多企业无论其本质上的盈利模式如何，都倾向于以解决方案的形式出现在市场上。本书在前文已对此进行过讨论，在这里作为一种模式单独列出，是为了便于机器人爱好者和行业新人更清晰地理解。一些机器人企业的确在认真地致力于成为一站式解决方案提供商，不是仅提供硬件和维保，而是基于自身的软硬件能力，提供覆盖全流程生命周期的服务，在标准和定制服务之间找到某种平衡，并形成生态。其中很重要的一部分工作就是深度参与客户的业务流程，从前期的生产线评估、工艺优化咨询到具体的方案设计、设备选型与配置，再到后期的系统集成、安装调试、员工培训，直至长期的维护保养和技术支持等。其意义不仅在于满足当下的客户需求，更在于从定制的过程中找到共性和构建生态合作的机会。

以部分工业自动化解决方案提供商为例，他们会深入研究客户生产线的特性和痛点，结合最新的机器人技术、自动化装备和信息技术，设计并实施包括机器人在内的智能化、柔性化流水线，实现生产流程的高效整合与无缝衔接。通过提供整体解决方案，企业不仅可以帮助客户显著提升生产效率、降低成本、提高产品质量，还可以助力客户实现数字化转型、提升市场响应速度、连接产业链其他环节的伙伴，创造远超项目本身的附加价值。也就是说，这些机器人企业已不仅是机器人企业，而是以机器人为基底的综合技术服务提供商。

5.2.3　服务订阅模式

以服务机器人为例，部分企业一直在探索服务订阅模式，以应对市场需求的多元化和客户行为的转变。例如，商用清洁机器人服务提供商可能推出按月或按年计费的定期服务套餐，客户无须购买机器人硬件，只需支付订阅费用就能享受定期的机器人清洁服务。这种模式降低了使用方的初始投资成本，提高了机器人服务的普及性和可接受度。对于机器人厂家来说，服务订阅模式为企业带来了稳定的现金流，减少了对一次性销售的依赖，有利于企业进行长期规划和持续创新。

但是，有些问题是不能回避的，例如，机器人硬件的库存、保养是不是负担？虽说无论什么模式，都需要有售后的快速响应和维保服务，但在不出售硬件的情况下，这些货品就完全由厂家来背负了，其折旧、维护都是厂家自己的事。同时，如何设定服务订阅价格也很复杂，简单来说，价格过高可能会影响订阅量，价格过低又可能难以覆盖运营成本，更不要说实现盈利了。这里要考虑的因素有很多，除了设备的折旧、维护成本，还有人力成本、市场接受度等。而随着市场竞争的加剧和客户需求的变化，这种模式还有可能需要频繁调整定价和套餐内容。这一切都给企业的盈利预期带来了不确定性。

5.2.4　数据增值服务模式

随着物联网、云计算和大数据等技术的快速发展，数据已成为商业模式的重要组成部分。一些机器人企业尝试通过挖掘数据背后的价值，以提供数据增值服务来开辟新的盈利渠道。机器人在执行任务时，能实时采集丰富的现场数据，如设备状态、工作环境和作业效果。现在，让我们延续解决方案提供商模式的思路，以智能巡检机器人厂家为例，如果想要为客户提供定制化服务并在实践中提高自己的生态整合能力，那么数据就可能成为一个宝贵的资源：机器人在对设备设施进行例行检查时，会收集详尽的设备运行数据，企业通过对这些数据进行深度分析，可以提供设备健康管理服务，如故障预警、寿命预测和维护建议，帮助客户提前发现潜在问题，避免意外停机，进而完善维护计划、降低运维成本。此外，基于数据分析的结果，企业还能提出性能优化建议，助力客户持续改进设备性能，提升整体运营效率。

以上4种模式仅是一些基础的罗列，旨在帮助大家更好地理解。在企业实际经营中，还有很多与商业模式相关的具体问题，例如，是否需要代理商？有的机器人企业是有代理商的，这可以帮助企业打通当地关系、分担维保和推广的压力；有的机器人企业没有经销商，主要以销售人员开拓项目机会为主要盈利渠道；还有的公司主要通过政府项目立足，紧贴政策和政府需要，等等。出海企业也有不同的“路子”，有的企业以自己开拓海外市场为主，例如，向日本派驻自己公司的团队或在当地成立公司；有的企业则通过社交媒体、邮件、展会等方式物色当地合作方，由他们完成当地的所有工作，这对品牌影响力不足、销量小的厂家来说，既是便利也是隐患，因为可能难以掌控代理商；还有的企业不拘小节，只要能把产品卖出去，与谁合作、合作多久都不是重点考虑事项。

由此延伸，在这里有必要再专门讨论一下机器人维保的话题。在笔者看来，这是机器人企业商业模式中的重要一环——尤其是对面向B端客户的机器人企业来说。因为维保是确保机器人系统长期稳定运行、延长使用寿命、预防故障发生、让客户直接感知服务体验的核心环节。不同的机器人类型和公司，采取的维保模式不同，以下梳理仅做参考。

1. 维保的必要性

（1）维持性能与效率。

通过定期维保，保持机器人机械部件的润滑、电气系统的清洁与功能正常，确保机器人动作精确、响应迅速，维持其设计时的性能水平。

（2）预防故障与停机。

定期检查和更换磨损部件，进行预防性维护，及时消除潜在问题，降低非计划停机的风险，避免因生产中断造成经济损失。

（3）延长设备寿命。

专业合理的维保能避免设备过早磨损和老化，延长机器人及相关设施的使用寿命，提高资产利用率。

（4）匹配安全规定。

许多行业和地区的法规明确要求对自动化设备进行定期安全检查和维护。

2. 维保服务的内容

不同的机器人情况不一样，以下仅做举例。

（1）常规检查。

例如，对工业机器人本体、控制柜、电缆、传感器和末端执行器等部件的外观进行检查，确认无损坏、松动和腐蚀等情况。

（2）功能测试。

测试机器人的运动性能，包括进行精度验证、安全功能检查（如急停和碰撞检测），以确保各项功能正常运作。

（3）清洁与润滑。

首先清洁机器人的关节和传动部件，彻底去除灰尘和油污；然后重新涂抹或更换润滑油，以防止磨损和锈蚀等现象的发生。

（4）电气维护。

检查电线、接头和电路板等电气元件，确保无短路、断路和老化现象，清洁散热器和风扇等散热设备，确保散热情况良好。

（5）软件更新与备份。

更新机器人控制系统的软件版本，修复已知问题并优化性能；备份机器人的程序和设置，防止数据丢失。

（6）磨损件更换。

根据检查结果和使用周期，及时更换磨损的轴承、密封件、同步带和齿轮等易损部件。

（7）故障诊断与修复。

对已出现的故障进行诊断，找出原因并进行修复，包括对硬件的更换和对软件的调试等。

（8）预防性维护。

根据设备使用情况进行预防性维护工作，如定期进行电气系统性能测试。

3. 维保周期与计划

（1）定期维保。

通常需要与设备的工作时间或运行周期相结合。

（2）条件维保。

根据机器人实际工作中的条件，包括运行环境、负载和使用频次等情况，灵活调整维保周期和内容，以实施更加个性化的维保计划。

（3）应急维保。

针对突发故障或异常情况，提供紧急维修服务，帮助客户的设备尽快恢复到正常运行状态。

4. 行业发展趋势

（1）数字化维保。

利用物联网、大数据和AI等技术，对机器人状态进行实时监测、故障预判、远程诊断与维护等。显然，这对技术的可靠性、维保人员的经验和成本都有较高的要求。

（2）标准化与专业化。

随着行业的不断成熟，维保服务的标准应当在某种意义上愈发统一。专业化维保团队与服务平台会不断涌现，为机器人使用方提供更加规范、高效的维保服务和更多选择。这也将成为机器人产业中商业模式的组成部分。

（3）服务订阅模式。

按需付费或定期订阅的维保服务模式永远值得期待，毕竟这可以降低客户的一次性投入，实现维保成本的平滑管理。

当然，选择何种商业模式与多种因素有关，包括机器人的类型和企业发展的阶段等。前者决定了销售和维保模式，后者决定了企业有多大能力亲自开拓市场和实施服务等。如果是面向 C 端的机器人，则可能有很多“花样”可以“玩”。例如，软件服务与内容收费——有的机器人硬件附带操作系统或应用程序，客户可以免费使用基础功能，但高级功能和个性化内容就需要通过购买来获取了。再例如，未来的教育机器人，可能会提供更多的在线教育资源订阅服务，包括定期更新课程、互动游戏和知识库，家长们可按需付费，获得更新内容和访问权限。此外，广告和品牌跨界也可能在机器人商业模式中扮演着关键角色，现在已经出现的方式有在机器人大屏、语音交互内容中植入广告，与其他行业的品牌合作推出定制版机器人等。有些扫地机器人就是这样做的，即根据品牌需求定制机器人的外观和某些功能等。这些做法的盈利方式大体是收入分成或商定定制费。

5.3　投资人性的本质

前面介绍了许多投资的维度和碎片，现在有必要回归投资的本源——人性。

需要说明的是，在此处的语境下笔者所说的投资是一个综合性的概念。也就是说，投资人把资金洒向初创机器人公司是投资，散户购买机器人公司股票是投资，毕业生进入机器人领域工作是投资，家长为孩子购买一台玩具机器人也是投资。为什么要把投资的概念泛化？因为在科技领域工作很容易产生一种幻觉：投资很高大上、很专业、很神秘。这种感知很容易给行业新人造成误导，让他们无法客观地从投资视角看待机器人行业。笔者想强调的是，其实投资并不神秘，它实际上是一种周期性行为，涉及思考、情绪和决策，旨在投入资源并等待回报，这与菜农种菜、王婆卖瓜、学生复习考研等日常活动并无本质区别。

机器人领域充斥着各种类型的公司和教育课程：没有多少收入和利润的小公司、处于早期发展阶段的成长型公司，以及质量参差不齐的机器人教育课程，还有基金经理参与其中。由于机器人是一个处于快速成长和试错阶段的庞杂领域，导致机器人对于任何类型的投资者来说，都颇具挑战性。同时，资本和舆论往往会在短期内高估行业发展的进度，对于中长期具备确定性的投资机会，又往往会低估其增长动力。AI、机器人和元宇宙等都出现过类似现象，火的时候万人追捧，不火以后被视作泡沫而倍加鄙夷。其实科技本身一直在演变进化，它有高峰也有低谷，纯属正常规律。这里想提醒读者的是，“投资科技”这件事儿总是伴随着短视和功利，请大家尽量不要轻易被外界的炒作和舆论所干扰，要有自己的判断。

笔者再次强调，本质上，投资机器人就是投资并克服人性最本源的缺陷：懒惰和贪图享受。人性不变，机器人产业就不会垮。投资机器人，也是在投资和探索不可知的未来：对未来和未知的恐惧裹挟着人类的冒险精神狂飙突进，人们渴望知道，这些越来越像自己的“聪明的苦力”，究竟能在人类智慧的引导下进化到哪一步。还记得大航海时期的船队吗？为了那些不可知的预期收益，人类可以暂时克服懒惰，甘冒风险。

无论你想从哪个维度投资机器人，只要牢记人性和机器人的本质，持续跟踪行业的最新变化，深入研究核心公司并耐心等待，寻找那些被明显低估的入局时机，并在市场情绪过于高涨时，根据自己的研究和分析，做出理智的投资决策，而不是盲目跟随他人，才能高胜算地实现相对有利可图的投资周期。这一切也让投资机器人成为一件极富魅力的事：满足人类的惰性和贪欲，让它具备触手可及的回报潜力，探索未知又让人相信更美好的果实就在不远的未来。

但未知同样让人害怕。尽管一直以来人类相信机器人是按照人类设定的指令和行为模式运作的，但随着 AI 技术的发展，谁又能言之凿凿呢？何况人性的缺陷依靠高精尖技术去填补听起来也并不能让人完全地放心，会不会有一天人类突然发现，这些“聪明的苦力”已经变得比我们更加聪明？或许机器人现在表现出的种种缺陷，只是在“扮猪吃老虎”，先跟随人类学习再伺机反超或许也是它们的一种策略。这些问题仍然有待深入探讨。

第 6 章
来吧！投身于机器人行业

6.1 你可以在机器人行业做什么

6.1.1 一家机器人公司的职能划分

机器人公司和其他行业的公司类似，通常由多个职能部门组成，每个职能部门都在机器人的研发、生产、推广中发挥着独特的作用。下面对机器人公司各岗位的主要职能进行概述。需要说明的是，这些可能并不是严格意义上的部门。需要强调的是，不同公司的具体组织结构和职能分配存在显著差异，笔者只是对一般情况进行梳理，以供参考。

1）研发与产品

职责：负责创新、构思和开发公司所需的机器人技术和产品，同时满足用户提出的特定需求，尤其是与产品功能相关的事项。

任务：开展市场调研（很多公司并不是由研发人员进行市场调研的，而是由不同部门进行不同事项的调研或者直接由市场部门进行调研）、探索新兴技术、制作原型和开发概念验证机器人系统等。很多公司的研发和产品职能是分离的，但从某种意义上讲，它们的任务是内在统一的。

一个出色的研发与产品团队能够不断挖掘新技术的潜力，将科技成果转化为商业价值，他们不仅满足甚至超越市场的期待，还能帮助企业捕捉新的市场机遇，从而驱动销售增长和品牌影响力的提升。此外，这样的团队能间接促进企业文化的建设，营造鼓励创新的工作氛围，进而带动企业的知识积累和技术升级。

2）软件开发

职责：开发机器人系统的软件架构、控制算法和用户界面等。

任务：为嵌入式软件编码，创建控制算法，开发人机界面，确保软件与硬件的集成。

3）控制系统与自动化

职责：重点开发控制系统，调节和优化机器人系统的行为。

任务：确保对机器人动作和行动的精确控制。

4）机械工程

职责：负责机器人系统的物理结构和组件的设计、制造及优化。

任务：创建三维模型、设计底盘和组件、选择材料，并进行整体设计。

机械工程部门直接关系着企业产品的物理实现和性能优化，是连接设计理念与市场产品的桥梁。

机械工程部门需要确保产品的可靠性和耐用性。通过计算与模拟，工程师们通过优化结构设计，使机器人能够在不同工况下运作，并保证较低的故障率。这对建立市场信任和维护品牌形象非常关键。

此外，合理的材料选用和加工工艺设计，不仅有助于控制成本，也是实现产品轻量化、环保化的重要途径。

很多公司的机械工程团队还参与生产线的布局与优化，帮助提高企业生产效率。

5）AI 相关职能

职责：通过对 AI 相关技术的应用，提高机器人的学习、适应和智能决策能力。

任务：实施计算机视觉、自然语言处理和强化学习算法等技术，持续跟进 AI 领域的新趋势，帮助机器人提高感知能力和决策能力。

6）电气工程

职责：设计和实施机器人所需的电气系统、电路和硬件组件。

任务：设计控制系统、集成传感器、设计电路，并与机械工程师合作，实现无缝集成。

在机器人公司内部，电气工程不仅是技术竞争力的核心，也是推动技术研发与创新的关键力量。电气工程师常专注于设计控制系统、传感器集成、电机驱动、电源管理等环节，设计电气架构，优化控制算法，提升机器人运动控制精度和反应速度等。

在机器人研发阶段，电气工程师与机械工程师、软件工程师配合，使电子硬件与机械结构、控制软件有效结合，推动产品从概念设计、原型测试到批量生产的全过程。他们还负责电气元件的选型与测试，确保电气元件能够满足机器人在强度、耐久性、安全性等方面的要求。

电气工程部门有时还参与生产过程的优化、协助售后支持与客服等。

7）传感器相关职能

职责：利用传感器使机器人能够感知周围环境并与之互动。

任务：选择和集成传感器（如摄像头、激光雷达和红外线）、校准传感器、开发传感器数据解读算法。

8）质量和测试

职责：通过严格的测试，确保机器人系统的可靠性、安全性和性能最优化。

任务：建立质量体系，进行压力测试、功能测试等，并验证产品是否有破损、是否符合行业标准和安全法规等。

9）项目管理

职责：协调和监督项目，确保符合预算和质量标准。

任务：规划项目时间表、对资源进行分配和开展风险管理，促进不同职能部门之间、公司之间的沟通。

机器人公司内部的项目管理职能，是确保研发效率与项目成功率的"中枢神经系统"。

项目管理团队要制定项目规划，包括明确项目目标、规划项目时间表、控制预算、对资源进行配置等，确保项目始终沿既定轨道有序推进。

在风险管理与控制方面，项目管理者通过系统性的风险识别、评估与应对机制，努力预先化解潜在问题，减少不确定性对项目的影响。他们不仅要关注技术风险，也要重视市场、财务及人力资源等维度的风险。

因此，有效的沟通协调是项目管理的一项核心技能，项目管理者要确保研发团队、供应链部门、市场部门及用户间的信息流通顺畅，促进跨部门协作，解决实施过程中出现的各种问题。

此外，项目管理涉及项目文档管理与合规性监控，确保项目过程的可追溯性及合法性。

10）制造和生产

职责：根据公司战略方向、研发与产品等部门的设计规划，管理机器人系统的批量生产。

任务：监督装配线、采购部件、协助质量控制，规划高效的生产流程。

11）销售与营销相关职能

职责：负责向用户和利益相关方推广、销售机器人产品和相关解决方案等。

任务：开展市场分析、制定营销战略、管理用户关系，推动机器人产品的商业化进程。

12）用户支持与维保

职责：解决用户遇到的各类问题，并对已部署的机器人进行维护。

任务：编写用户手册、提供技术支持、管理维护服务。

企业内的各部门应结合战略布局和业务运营情况，通力合作，以实现顺利开发、生产和部署机器人，以及跑通商业逻辑。

需要注意的是，这里讨论的只是机器人公司职能划分的一般情况。随着市场环境的变化和技术迭代的加快，机器人领域将持续充满创意，并带来颠覆性变革，没有什么是永恒不变的，岗位职能也是如此。

如果你是职场人士，并且拥有能契合公司需求的独特想法，那么你完全有可能创造全新的职能和工作岗位。

如果你是创业者，利用 AI 等工具创建一个由一两个人组成的机器人公司也并非不可能。

科技的进步正在改变组织的传统构成方式。例如，在一些企业中，原本需要多人协作完成的营销、编程和战略等工作，现在可能仅需要三名员工利用 AI 技术就能高效完成。

6.1.2 如何选择适合自己的岗位

无论是缺乏工作经验的学生，还是希望进行职业转型的职场老将，如果对投身机器人行业感兴趣，那么他们无疑都面临一个现实问题：如何选择适合的岗位并成功胜任。与通常的职业选择类似，这需要综合考虑个人兴趣、技能特长和市场需求等多个维度。但结合本书前文谈及的机器人领域的自身特征，在这一行谋求适合自己的工作，可能有一些特殊情况需要注意。

对于没有工作经验的学生来说，如果能在校园中就确定自己要投身于机器人行业，那么这是一件值得被恭喜的事。较早地确立职业目标可以避免很多迷茫的人生时刻，同时给自己留下充足的时间进行有针对性的思考、探索和学习积累。

学生阶段是发掘兴趣和磨炼技能的关键时期。对机器人技术感兴趣的同学，可以积极参与相关课程，如机械设计、电子工程、控制理论和计算机编程，关注 AI、机器视觉和自主导航等相关前沿知识，最好能够查阅海外最新研究成果和新闻报道分析。同时，积极利用学校的实验室资源，争取参与科研项目或竞赛，通过实践提升动手能力和解决问题的能力。即便你是文科背景或专业跨度比较大，也可以主动向相关专业的老师和同学请教，把学校的各种资源用好用足。

以上所述绝非空话，须知每一步计划的效果最大化，都需要深入的思考、准确的判断和有效的人际沟通。在这个过程中，你会逐渐发现自己真正的兴趣和擅长的领域。例如，也许你在编程时意识到自己其实毫无天赋，但对机器人历史颇为痴迷；也许你发现自己没耐心写论文，却对制造机器人产品很有灵感；也许你尝试了一大堆和机器人有关的事，最后发现自己其实压根不适合这个领域——这没有关系，因为你为人生排除了一个选项，并积累了丰富的人生经历，你应该感到振奋。总之，校园是理想的练习和试错场所。

但是，也应当承认，对于大部分同学来说，仅靠在校园里的探索，还不足以真正理解机器人这个快速迭代的行业，因此通过实习等途径与产业界接触必不可少。建议尽早寻找与机器人相关的实习机会，亲身体验实际工作场景，了解不同岗位的具体职责和所需技能。同时，积极参与工业界的行业研讨会和活动，以结识业界专家和同行。这并不是盲目积累人脉，而是通过交流和倾听，增长见识，促进自我思考，扩大视野，为未来的职业规划打下坚实的基础。

对于身处校园或刚出校园的年轻人来说，如何做职业规划呢？在经历了前面所讲的初步探索和行业实践后，年轻人可以根据个人兴趣、专长和对机器人行业的理解来规划自己的职业发展路径。例如，如果你对技术研发感兴趣，那么可以考虑成为机器人算法工程师或硬件工程师；如果你更擅长沟通和协调，那么项目经理或产品经理可能是合适的选择；如果你对行业观察充满热情，那么品牌管理类或科技媒体工作也是不错的选择。在进入职场后，你可以根据个人的职场工作情况和就业市场的整体情况，灵活调整自己的职业规划。

对于已有其他行业工作经验，但希望转投机器人行业的职场人士来说，如何找到适合自己的职业切入点呢？

首先，建议深入研究机器人行业的现状和发展趋势，理解各细分领域的特点和需求，以便找到最适合自己的切入点。当然，选择切入点时，更重要的是要与自身现有的职场经验和技能挂钩，因此要能够对自身的技能进行迁移与补充，即先评估现有技能与机器人行业的契合度。例如，你是自动化设备维护人员，可以考虑进入机器人运维服务领域；你是软件开发人员，可以通过学习 ROS 等平台，进入机器人软件开发领域。有条件的还可以考取机器人相关认证或进修学位，以全方位地增强自己在新领域的竞争力。但要做到以上这些并不容易，因为需要投入足够多的精力、持续保持耐心和信心。

有职场经验的人都知道，坚持利用业余时间自学并不容易，因为白天上班已经很累了，回到家只想娱乐和休息……

此外，积极参加行业交流活动，通过强化自身“人设”展示价值，拓展行业内的人脉资源，寻求内推的机会。与之相关联的是，在决定转行前，可以通过兼职、做短期项目等方式提前尝试与机器人相关的工作内容，验证自己的职业兴趣和能力匹配度。

无论从哪个角度来看，成熟的职场人士更换赛道，成本都是比较高的，尤其是已经成家立业、经济负担较重的人士。因此，一定要在确保基本生活保障的前提下，充分考虑可能存在的风险，做好心态调整，并为长期发展做好心理准备。

不论是学生还是职场人士都应该意识到，在机器人行业找到合适的岗位并非一日之功，明确个人目标、积极储备技能、深入了解内情、勇于试错实践，才能在这个充满机遇和风险的领域找到属于自己的位置。

再补充一点：作为普通人，我们应该学会紧跟时代大势。举例来说，当前，中国企业出海已成为一种趋势，机器人企业也在不同程度上参与其中。作为求职者，是否能从中捕捉到适合自己的机遇？最明显的一点，就是国际岗位增加了，无论是海外市场的营销支持，还是对当地代理商和用户进行培训，抑或是与海外供应商、物流服务商对接，以确保原材料采购、生产制造、产品运输等环节运转顺畅，都需要人力。这些潜在的新增岗位，有些在国内办公即可，有些则需要驻外，不管是哪种形式，只要能让你有机会参与海外业务，对职业生涯的发展就是有益处的。

6.2 永不停歇的学习之路

6.2.1 自我提升：有侧重点地查漏补缺

本书一再谈到，随着科技的发展和世界格局的变化，机器人行业在不停地演变与扩张。对于已经进入这一行的从业者来说，如何持续保持竞争力至关重要。因此，本节将探讨如何有效进行职业提升，并提供一些参考性建议。

1. 维持技术能力的深度与广度

在机器人行业中，技术类人员占据了相当大的比例。对“技术人”来说，想要在职场上保持竞争力，必须要在技术经验、知识的广度与深度上找到适合自己的平衡点。归根结底就是要跟进技术趋势，提升自己的综合能力。当然，道理虽然很简单，但是最适合自己的那种平衡感却不容易找到。原因之一是机器人应用的行业和场景越来越多，用户的需求也随之精细化和多元化，市场对技术的要求自然也就更加复杂。因此，技术人员必须关注不同目标行业的市场情况，留心这些应用场景背后的技术需求变化。一方面，这有助于从业者不断更新对市场的认知；另一方面，则是在更新认知的基础上跳出原有认知框架，发现潜在的技术创新点。以服务机器人在医疗行业的应用为例，如果你曾从事相关工作并拥有医疗行业用户，那么可以深入了解医疗机器人在手术辅助、康复治疗等领域的应用。这样或许有助于激发你对精准控制、生物兼容性和人机交互等技术问题的深入思考。

2. 学会结合自身优势来拓展

每个人都有自己的特长，你的某些优势可能是别人所不具备的。因此，你可以对自身的知识结构、技能特长和工作经验进行梳理，了解自己在机器人领域可能拥有的核心竞争力。例如，你精通某种编程语言、擅长控制系统设计、对特定应用场景有深入理解或者有帮助科技企业打造品牌的经验。同时，不要忽视自己的兴趣，思考自己对哪些技术领域或行业趋势抱有热情。基于这些能力优势和兴趣点，你可以规划自己的职业发展路径。例如，你在控制系统设计方面有基础，那么可以深入学习最新的控制理论、优化算法或者探索某种新兴的机器人操作系统；如果你对仓储物流机器人感兴趣，那么可以主动了解海外电商的发展趋势，并利用市场需求寻找工作或创业机会。电商行业的蓬勃发展往往会带动对仓储机器人需求的增加，这为相关领域的专业人士提供了更多的职业机遇。

在这里，笔者再次强调学科与行业交叉的重要性。机器人领域的综合性决定了具备跨学科知识能力的从业者更有竞争力，然而，有一点常常被忽略，那就是要懂得与各种各样的人合作。加强与不同专业背景的同事及合作伙伴交流与学习，了解他们的思维方式和工作方法，对于培养跨界协作能力至关重要。当然，有时你需要先展示你的专业优势、价值和个人魅力，以便更有效地拓展你的职业网络。

3．战略意识的培养

机器人行业是一个受外部环境影响较大的领域，全球政治经济形势、国际贸易政策、技术标准、法规变化和国内政策等，都会在不同程度上影响这一领域的发展趋势。如果你想在这个行业取得成绩，那么学会适当分析宏观形势，并结合你所在的公司和岗位进行战略思考，培养商业意识，是非常必要的。

在国际层面，可以关注世界贸易组织（WTO）、国际标准化组织（ISO）等国际组织的动态，收集各国对机器人产业的政策信息，特别是涉及税收、补贴、出口等方面的政策信息。通过整合这些信息，你可以对行业趋势做出更准确的预判。

在国内层面，众所周知，我国政府一直高度重视智能制造、AI、机器人等战略性新兴产业的发展，并出台了一系列政策。这些政策为企业、从业者和投资人提供了明确的发展方向和政策红利。紧跟国家政策导向，深入理解其背后的逻辑和长远目标，有助于企业和个人把握发展机遇并规避政策风险。

如果你是职场人士，你是否曾尝试分析你所在公司的战略？一般来说，企业战略囊括了其愿景、使命、价值观、核心竞争力和中长期规划。进一步分解来看，它还包括公司的产品发展路线、市场定位、核心技术研发方向和合作伙伴关系策略等要素。作为员工，我们每天按部就班地完成岗位职能要求的任务，但是否曾深思公司战略对我们工作的影响？实际上，很多时候，努力让自己的工作与公司战略相结合，可以让我们更有效地利用公司资源来促进个人成长和提升。例如，你是一名行政人员，面对公司当前较大的经营压力和三年内成为数字化企业的目标，你能否设法在接待工作中更好地展示公司的数字化能力？是否可以通过深入理解主营业务的需求，把重点会务物料和资源集中用于服务 VIP 客户？千万不要认为自己的岗位不是核心岗位，公司的战略就和自己无关，那等于浪费了职业发展的机会。甚至，我们还应该想想，公司的这些战略合理吗？各部门执行得怎么样？企业文化是仅仅停留在口号上，还是真正促进了业务的发展？

更进一步，作为公司的一名职业经理人，除了履行为公司服务的职责，能否结合外部环境趋势和公司战略方向，制定更符合个人发展的战略？机器人行业规模适中，拥有广阔的创新空间，真正的挑战在于我们如何找到适合自己的目标和路径。也就是说，有土壤并不意味着就能种出农作物，还需要我们运用智慧去耕耘。"为自己服务"并不局限于创业，也可能发展副业。

除了需要具备战略视野，我们还要考虑如何通过某种形态的交易实现盈利——无论你的目标是成为独立开发者，还是成立自己的公司，盈利都是一个核心议题。如果你自认为缺乏商业天赋或缺乏交易经验，那么可以先观察其他人是怎么做的。为什么别人代理机器人能畅销？为什么有人制作简单的玩具机器人也能盈利？除了机遇，决定成功的因素往往是性格（是不是敢想敢干，是否过于犹豫不决）、信息（能否获取充足或准确的信息来支撑决策），以及思维方式（包括视野和认知的广度与深度）。

6.2.2　收藏！必备的学习资源清单

在追求精进的道路上，有效的学习资源必不可少，本节将提供一些参考性的推荐，以帮助读者更高效地学习和成长。

1. 在线课程资源

（1）Udacity。

提供一系列与机器人技术相关的课程，例如，自动驾驶汽车工程师和机器人软件工程师课程。

（2）Coursera Robotics Courses on edX。

由哈佛大学和麻省理工学院等顶尖高校联合创建，提供了众多免费的在线机器人学和 AI 相关的课程。

（3）吴恩达的深度学习学院（deeplearning.ai）。

由机器学习领域的权威人物吴恩达创立，提供一系列与深度学习相关的在线课程，内容从基础的机器学习理论到深度学习的高级应用。

（4）Khan Academy。

主要聚焦于基础教育，但也提供了与机器人技术和计算机科学相关的入门课程，适合初学者学习。

2. 开源框架与社区

（1）ROS

ROS 是机器人软件开发的重要平台。ROS 的官方网站提供了丰富的教程、详尽的文档和活跃的社区支持，是学习机器人软件开发的宝贵资源。

（2）GitHub Awesome Lists。

这里汇集了众多机器人领域的开源项目、学术论文、专业图书等资源的链接，为机器人技术爱好者和专业人士提供了一个丰富的信息库。

3. 学术期刊与会议

（1）*IEEE Robotics and Automation Magazine*（RAM）。

这是一份由电气和电子工程师协会（IEEE）出版的杂志，专注于机器人技术和自动化领域的最新进展。

（2）*Journal of Field Robotics*（JFR）。

该期刊涵盖了现场机器人学的研究成果，包括理论和实践应用。

（3）*International Journal of Robotics Research*（IJRR）。

作为机器人研究领域的国际期刊，它发表了具有创新性的机器人技术研究。

（4）Robotics: Science and Systems（RSS）Conference。

这是一个专注于机器人科学的会议，汇集了来自世界各地的研究人员和工程师。

（5）International Conference on Robotics and Automation（ICRA）。

该会议是机器人和自动化领域的国际性盛会，展示了最新的研究成果和技术进展。

（6）International Conference on Intelligent Robots and Systems（IROS）。

IROS 是一个国际会议，专注于智能机器人和系统的创新研究。

4. 相关媒体与行业观察平台

（1）RoboHub。

专注于机器人与 AI 领域的专业媒体平台，发布包括科研成果、产业新闻、政策解读和社区活动在内的各类信息。

（2）IEEE Spectrum Robotics。

IEEE 旗下的机器人频道，内容覆盖机器人技术领域的最新研究进展、专业评论和视频等内容。

（3）Robotics Business Review（RBR）。

以商业视角关注机器人产业的最新动态，提供深入的战略分析、市场预测和商业模式探索等。

（4）The Robot Report。

以全球视角追踪机器人行业的发展情况，涉及工业机器人、服务机器人、医疗机器人等多个细分领域。

（5）TechCrunch Robotics。

TechCrunch 旗下的一个栏目，专注于报道机器人领域的创业公司、科技创新和投资动向。

6.3 不断精进的秘诀

6.3.1 中高阶职业发展建议

为了帮助行业新人更好地进行职业生涯规划，下面将探讨：在机器人领域工作多年后，如何更有针对性地进行自我提升，以确保职业生涯的持续发展。当然，到了那个阶段，你很可能已经非常清楚自己的职业发展方向了。对于有志投身于机器人行业的人来说，以下内容将有助于你更深入地了解并判断这个领域对你来说是否有足够的吸引力。

首先，笔者会提出一些普遍适用的建议，然后分别从技术路线和市场路线两个角度进行详细阐述。尽管机器人行业的职业路线众多，但将它们按照技术和市场进行分类，无疑具有典型性和普适性。

1. 深化细分领域专业度与影响力

1）持续学习与研究

前面已经讨论了业内专业活动的价值，下面对职场资深人士进行专门分析。

对于在行业内工作多年的职场资深人士，尤其是那些已经担任管理职位或在工作中需要频繁对外交流的人，他们通常早就习惯了参加甚至组织专业展会、交流会或研讨会等活动。然而，习惯可能导致麻木。随着年龄的增长，人们可能会发现自己比年轻时更难接受不同意见或进行自我学习。因此，对于这些职场资深人士来说，参与这些活动的价值并不在于打破信息茧房、了解行业趋势和扩大人脉，而是寻找和创造机会去倾听他人对各专业问题的不同看法，进而与自己的观点产生碰撞——新的认知往往出现在不同看法的冲突中，但接受和思考与自己认知相左的观点是一项极具挑战性的任务，特别是在高度专业化的细分垂直领域，越资深、越专业、地位越高的人往往越固执。尽管每个人都懂得谦虚使人进步的道理，但很少有人愿意承认自己的自负。

阅读顶级期刊和会议论文以追踪前沿动态，进而了解细分领域的最新理论和技术，是许多人的常规做法。然而，对于业内资深人士来说，真正的挑战在于能否像新人那样保持勤恳的学习态度，并有能力通过深入思考把摄取的信息与自身工作及职业规划结合起来。

举一个简单的例子，假设你是某人形机器人公司的 PR 经理，在营销圈已工作多年。在 OpenAI Sora 发布之后，你是否迅速分析了官方文档？是否思考了 AI 领域的这一新进展对人形机器人可能有什么影响，以及它对你所在公司的 PR 策略可能产生的影响？你过去熟练掌握的那些“营销术”，还适应新时代科技企业的需求吗？

2）实践创新项目

主动承担或发起具有挑战性的研发项目，不仅能够解决实际问题，还能积累宝贵的实战经验。例如，在智能制造领域，你可以尝试研究甚至参与开发新型自动化生产线或者智能装配系统，但这需要你勇于跳出目前所在职公司的业务和技术范畴，从行业和专业视角进行思考与探索。如果只考虑你所在职公司业务和技术范畴内的事务，其实是把自己限制住了，久而久之，你就把自己关进了“围城”。当然，这也不是让你去成立一家和你所在职公司有利益冲突或有利益输送的公司，那是违法违规的。只是说，实践出真知、创新破藩篱，作为科技从业者，要有一点“跳脱”的精神，敢想敢干。

3）知识输出与分享

通过在国内外学术会议上发表演讲和撰写论文，你可以逐步积累经验。当遇到合适的机遇时，你将有机会出版专著或建立个人品牌，进一步分享你的研究成果和实践经验，提升你所在领域（尤其是职能领域）的知名度和权威性。这个过程的本质在于认知、思考和知识的集成，以及这些知识的分享。它不仅是你从业经验的内在转化，也是你价值观和影响力的体现。而且，高质量的专业论述能吸引更多有深度的观点交流，触发更多的潜在机遇。即便你没有资金推广宣传、包装自己，持续输出高质量的内容也可以带来高品质的回应，这也敦促着我们必须不停地提升自我。

2. 提升跨界合作管理能力与统筹能力

1）培养领导力技能

提升领导力的目的与价值，绝不仅仅是升职加薪或提高“带团队”的能力，更重要的是懂得如何与不同的人有效沟通、学会换位思考，突破认知壁垒，形成优势互补，并倾听、激励合作伙伴共同解决各种冲突。同时，再次呼吁要注重实践，在实践中观察、学习那些成功的项目经理是如何领导和管理复杂项目的。其实，无论是负责迭代软件功能还是运营企业，在某种意义上都可以看成领导团队完成“项目”，不是吗?

2）优化项目管理流程

让我们沿着“项目”的话题继续深入。对于致力于在机器人领域深耕的资深从业者来说，究竟如何才能具备跨学科的视野和能力呢?

首先，一些策略是共通的。我们既要成为机器人领域某一职能的专家，又要持续跟进机器人在医疗、制造和服务等领域的最新应用趋势。同时，建议你成为一位机器人行业的通才。例如，你是技术领域的专业人士，那么可以提升自己的商业意识和品牌知识；你从事新媒体运营，那么建议你多了解一些机器人技术知识，不必深入每一个细节，只需掌握一些基本原理和应用情况对你来说也是有益的。这有助于你全面掌握一个产业的运转逻辑，在与他人合作时精准地定位对方需求，促进技术与应用场景的无缝对接，同时，这有助于你开展自身事业（如创业或发展副业）。

其次，精进沟通与协调技巧。虽然这对很多职场资深人士来说不算什么问题，但仍有两点关键事项值得我们关注和重视。

第一，建议在跨界合作中，用通俗的语言介绍你的行业、技术和产品，因为其他领域的从业者或许完全不理解你的价值，用专业术语做自我介绍可能效果会很差。

第二，要理解、尊重合作伙伴的背景与文化差异，用同理心去感受对方的立场，多想想自己能为对方提供些什么。换位思考和寻找共赢的切入口是很多合作成功的基础，但也可能是矛盾的起点。

最后，合理利用敏捷管理等现代管理工具，灵活设计合作流程，确保项目能够快速响应市场和技术变化。同时，根据实际情况运用项目管理软件提升协作效率，平衡创新与效率间的微妙关系，确保跨界项目既能快速迭代，又能控制成本与风险。

3. 创业与投资

对于拥有丰富经验和独到见解的职场资深人士，创业和投资似乎是一个必须谈论的话题。的确，直接参与或支持创业项目，是将职场资深人士的个人智慧转化为商业价值的高效路径。但众所周知的是，无论是创业还是投资，风险与挑战都很多，有时即便制定了周密的策略，也抵挡不住外部环境的复杂多变。

在创业时，少数人和组织有能力实现一些相对底层的技术创新，但更多的人在孵化创新创业项目时，最大的挑战是将相对先进的技术转化为实际的市场化应用。例如，在技术从理论到实践的转化过程中，可能会遇到技术实施难度大和成本控制困难等问题。用户接受新科技的速度、市场的成熟度和教育市场的成本等，都是不可忽视的因素。此外，资金链的稳定性也是一个挑战，初创项目往往资金需求大，融资周期长，每年因资金短缺而垮台的企业数不胜数。

因此，采取审慎灵活的策略至关重要。例如，采取“小步快跑、快速迭代”的方法，通过敏捷开发模式，先推出最小可行产品（MVP）来收集市场反馈并据此调整产品方向，减少资源浪费。至于市场调研和服务客户等事项，本书前面已经做过介绍，这里不赘述。在团队构建方面，跨学科合作几乎是必然的趋势，领导者需具备强大的“三力”——团队凝聚力、个人魅力和资源整合能力，从而构建一个既能技能互补，又能高效协作的团队。这“三力”在一定程度上是天赋，不会随着工作年限和阅历的增加而提升。

再来说说投资。除直接参与创业外，担任顾问或天使投资人也是吸引人的选择。但要做好投资，不仅需要具备敏锐的商业嗅觉、识别有潜力的早期项目，还需要广结良缘，能从他人身上学习，并对市场趋势、政策变动和宏观经济环境保持高度敏感。在投资前，应深入开展尽职调查，不仅要评估技术的创新性与应用前景，也要考量团队的执行力、市场定位的准确性和财务模型的合理性。同时，构建广泛的投资组合，分散风险，利用自身的行业经验与资源，为投资的项目提供战略指导和增值服务，促使其健康成长，最终实现共赢。有些投资人可能会更深入地参与他们看好的企业，或者成立其他公司来配合其业务发展。

下面分别为专注于走技术路线和市场路线的朋友，提供一些更有针对性的参考建议。

6.3.2 技术路线的升级打怪

对于在机器人行业中专注于技术路线的人来说，一个更深层次的挑战是自己能否跟上技术革新的速度。笔者的建议是，无论你在学校学的是什么专业、在公司里从事的是什么岗位，你都可以选择一个或几个与机器人技术紧密相关的细分领域，如机器视觉、自主导航、人机交互或深度学习算法，深入钻研，成为该领域的专家。这个做法的前提是你对其有浓厚的兴趣，而且真的有一些思考，否则你很难有动力挤出时间去提升自己。

同时，理解和拥抱开源文化很有帮助。即使你对开源这件事儿不甚了解或不以为意，也应该承认它不仅能让你接触到最前沿的技术实践，提升你的编程技能，还有助于扩大你在行业内的影响力，建立个人品牌。例如，通过在 GitHub 等平台贡献代码、参与讨论，甚至发起自己的开源项目，不仅能展示你的技术实力，加深你对行业的认知，还能帮助你聚拢人脉。

此外，技术的价值在于应用，建议努力将你的技术知识转化为实际的产品或解决方案，以解决现实世界中的具体问题。无论是通过内部创新项目，还是个人项目，实践都是检验技术、积累经验的最佳途径。不断尝试并勇于面对失败，每一次尝试都是迈向成功的一步。就像游戏中升级打怪一样，通过不断吸收和应用新技术并进行实践尝试，打倒“怪物”的概率将会越来越大。

6.3.3　市场路线的海纳百川

对于已经积累了丰富工作经验的中高阶非技术类人才，尤其是没有掌握核心技术的文科生背景的人才，职业生涯的持续进阶并不容易。因为从长远来看，机器人行业本质上是以技术和产品为导向的。我们姑且把这类人才归类为市场路线。市场路线的人才持续精进的关键是发挥自己在市场、品牌、战略规划等方面的优势，与技术进步保持同频，勇于引领行业变革。怎样理解这句话呢？

首先，要主动发现、研究技术与市场的交汇点。如前文所述，非技术岗位的从业者应具备基本的技术理解。只有建立对技术的全局视角，才能在制定市场策略、进行产业研究时，更好地把握产品的市场定位，突出产品的差异化优势。

其次，机器人行业的快速发展意味着市场人员必须具备前瞻性，要能预见行业趋势甚至洞察市场中尚未被满足的需求。

最后，提升数据分析能力。在数据驱动的时代，无论是市场调研、竞品分析还是营销效果评估，都需要扎实的数据分析技能。“对数字不敏感”是很多非技术岗从业者的最大问题，因为很多人是文科出身。笔者建议，至少要掌握基本的与数据处理有关技能，如 Excel、SPSS 和 Python，学习如何从海量数据中提取有价值的信息，从而用数据支持市场决策，使之更加精准有效。

此外，一定要有人文关怀和社会责任感。机器人产业的壮大、技术的进步应当服务于人类社会的可持续发展，文科背景的人才在伦理道德、社会责任方面的敏感度较高，理应为技术应用注入更多的人文思考。例如，在产品设计与推广中，可融入对用户情感、隐私保护和社会伦理等方面的考量,这样不仅能提升自身的品牌形象，也能为业内技术的健康发展保驾护航。

第 7 章 幻境之舞：AI 与机器人

7.1　一种难以定义的关系

AI 与机器人之间的关系是复杂的。

一方面，许多人仍将它们视为完全不同的概念；另一方面，随着时间的推移，两者的融合趋势日益明显。实际上，AI 和机器人本就是“和而不同”的，具有天然的“共生”潜质：前者拥有强大的学习能力和部分决策能力，而后者提供了让这些能力高效施展的强悍物理载体。

下面笔者以最朴素的逻辑来解读二者是如何“相濡以沫”的。

从 AI 的角度讲，它提高了机器人的智能化程度——机器学习、深度学习等技术方法能帮助机器人不断进化，即帮助机器人越来越深刻地理解人类世界、更好地适应不同作业环境、执行复杂多变的工作任务等。例如，AI 可以增强机器人的感知和理解能力：通过应用视觉识别、语音识别等技术，让机器人更清晰、敏捷、自然地与人类进行交互和协作，从而提高机器人的服务质量与效率。

机器人对 AI 的影响同样是多方面的。例如，机器人在各行各业的实际应用为 AI 提供了丰富的数据和经验，有助于验证和完善

AI 相关技术。在不断尝试和应用新技术的过程中，更先进的 AI 算法和系统可能会被孕育出来。同时，机器人作为载体，促进了 AI 与工业、医疗、教育、军事等多个领域的融合，这不仅促进了 AI 对各行业的赋能，也推动了跨学科研究的突破与创新。

简单来说，AI 的注入使机器人可以更灵活地适应不同的动态场景和需求，并在此过程中实现"AI+ 机器人"的共同进化。在制造业中，协作机器人的应用是这种共生关系的一个体现：配备有视觉系统的协作机器人，不仅能识别和适应环境变化，还能在执行装配等复杂任务时与人类无缝协作。

在此，笔者有必要再次提及人形机器人与具身智能这两个概念。近年来，人形机器人的崛起标志着机器人不再只是执行实用性任务的工具，而是正在成为能够模仿和理解人类行为的"半智能体"。这一转变是 AI 与机器人融合的新里程碑，标志着机器人开始进入更贴近人类日常工作与生活的范畴。在这个范畴内，机器人通过模仿人类特征和智能，成为更亲近、更适应人类环境的伙伴。具身智能的发展不仅拓展了机器人的应用范围，也推动着其与人类的互动协作迈入新阶段。

在这一新阶段的背后，是科技主导下的社会生活的深刻变革：从简单的协作走向更深层次的整合。随着 AI 与机器人共生互促关系的深化，人与机器人的关系将不再仅停留在协作的层面，而是朝着更深层次整合发展，即机器人和人一样，都是人类日常生产和服务活动的参与者。目前，分散的 AI 和机器人应用将变得密集、广泛，甚至形成网络化覆盖。这与电脑、互联网和智能手机的普及过程有相似之处，但 AI 和机器人的组合展现出综合性、跨维度的特征，如越来越强的自主能力和进化能力、连接虚拟空间和现实世界的能力、囊括生产生活的能力。这种整合趋势是技术发展的必然结果，也是 AI 和机器人关系不断演进的体现。它预示着一个近似于幻境的美好未来：人类与机器人之间不再存在明显的边界，而是形成一种“你中有我、我中有你”的共融关系，人类将拥有更智能、更高效的生产生活方式，人们对世界的认知也将与现在大为不同。

7.2　让机器人拥有更强的工具性

机器人价值的本质之一在于帮助人类干活，提升人类的工作效率和生活舒适度。因此，工具性可以说是衡量机器人价值的重要指标。AI 可以提升机器人的工具性吗？

目前来看是这样的。例如，大语言模型与机器人的结合，使后者可以更容易地理解自然语言指令，包括复杂与模糊的口语指令，从而让人机交互体验更加流畅自然。进一步来说，未来的机器人或许不仅限于能理解指令，还可以较为准确地捕捉用户潜藏在指令背后的微妙情绪、理解用户的需求和偏好，从而提供更个性化的服务。同时，通过应用 AI 的决策优化算法，机器人不仅可以处理更复杂的任务规划，包括路径优化、资源分配、任务调度等，还能更高效地执行任务，减少误差和资源浪费，从而显著提升工作效率。此外，通过机器学习技术，尤其是深度学习技术，机器人能够持续地从数据中学习，实现自我优化，快速适应新环境和新任务，甚至创造性地主动解决问题。因此，机器人学习能力的提升，直接增强了其作为工具的灵活性和易用性。

机器人的能力范围正在逐渐扩大——不仅其工具属性在延伸，

其内涵与外延同样在经历深刻的变革。起初，最传统的机器人只能执行特定且预设的任务，你事先“安排了它干啥，它就干啥”。例如，在车间里执行某些分拣作业。而随着技术的进步，尤其是AI技术的融入，机器人能够处理的任务类型逐步增加，同时对作业环境的感知和认知也愈发清晰。

显然，这种变化是符合人类生产生活现实情况和原始的朴素需求的——在生活中，人们如果有属于自己的机器人助手，那么肯定是希望它能随叫随到，并顺从、高效地为自己做很多事情，而不是迟缓地做某一类事情；在工作中，如果机器人能没有废话、任劳任怨地“一岗多能”，那么肯定也是人们求之不得的（至少是老板们求之不得的）。

这背后还潜藏着一个更为深刻的变迁：借助AI的自主学习与决策能力，未来的机器人将能够主动识别环境变化、预测需求，甚至像人类一样发起某种行动。这与被动响应外部指令的机器人工作模式相比可谓天差地别，但其底层逻辑并不复杂，打个不太恰当却容易理解的比方，就像现在一些可佩戴的具有健康监测功能的便携式设备一样，它们在用户尚未察觉身体不适或突然摔倒时，能主动、无延迟地发出警报，而不是像很多传统设备那般等人去点击按钮才能工作。这种由被动转为主动的服务模式，将极大地提升机器人的实用性和工具性的内涵与外延。换言之，机器人将不再只是执行人类安排好的任务或是在人类设定的行事范围内作业，而是主动参与到创造价值、改造世界的过程中。这些判断在7.3.3节中会有更详细的论述。

7.3　特别的一个：人形机器人

现在，让我们再次来到人形机器人的世界。在形形色色的机器人当中，人形机器人是较为特殊的一类。从古至今，人类一直痴迷于探索自身智慧的本源，而描绘和制造与自己相似的物件是这份探索之旅的重要组成部分。这份执着浸润在古代的人形木偶、20 世纪的科幻作品和近年来火热的人形机器人研究之中。机器人作为具有强延展性的智能有机体，承载了人类构建仿人器物的终极梦想。

近年来，长期代表机器人领域研究热点、尖端技术和探索前沿的人形机器人，随着全球高新技术，特别是 AI 领域的整体快速突破，以及机器人作为复合型智能赛道代表的迅猛发展，其未来市场潜力受到了高度期待。根据 2024 年 4 月首届中国人形机器人产业大会上发布的《人形机器人产业研究报告》，2024 年中国人形机器人市场规模约 27.6 亿元；2026 年将达到 104.71 亿元；到 2029 年将达到 750 亿元，占世界总量的 32.7%；而到 2035 年，市场规模更有望达到 3000 亿元。

目前，人形机器人已成为一个集机械、电子、材料科学、传感器和人机协作等多学科于一体的高科技领域，对环境感知、硬件本体设计、运动控制能力等有着近乎极致的整合要求，并正逐步形成复杂的跨领域高端产业链网络。当下处于一线水准的人形机器人可以实现的本体能力如下。

- 在特定区域内缓慢行走并探索、记忆环境。
- 通过电机转矩控制，能较为精确地调节动作力度。
- 自主学习人类动作的模拟数据（如抓取地上不同形态的物体），实现对相关动作行为的模仿。

7.3.1 历史、发展与现状

在前面的章节中，我们初探了胚胎期的人形机器人，也回顾了机器人的整体发展脉络，梳理了机器人的种类及其技术概况，现在是时候专门讲述现代人形机器人的故事了。

在英语中，Humanoid（仿人机器人）是一个复合词，由human（人类）和后缀oid（类似的）构成。不了解该行业的人们在谈论人形机器人时，往往首先关注其外表是否与人相似。既然类人，那么就应当“智力和躯体都与人类相似”，而不仅仅是外表相似。人形机器人的发展史也是其外表和内在同步演化的历程。

人形机器人的发展史可追溯到达·芬奇时代甚至更久以前，而现代意义上的类人机器人研制则源自20世纪上半叶的美国，但真正深入的研究大约在20世纪60年代才陆续开始。自那时算起，人形机器人的发展可大致分为四个阶段。

第一阶段是以日本早稻田大学打造的WABOT-1为代表的“全尺寸机”初步行走阶段。

第二阶段是以本田人形机器人为代表的系统高度集成的能力破冰阶段。

第三阶段是以强复合运动能力为特征的技术突破发展阶段，突出代表者为波士顿动力的Atlas。

第四阶段是以特斯拉机器人Optimus为代表的产业化落地阶段，该阶段尚处于发展前期。

在这浩浩汤汤的历史浪潮中，中国对人形机器人的探索起步虽晚却发展迅速。中国人民解放军国防科技大学于 2001 年 12 月独立研制出中国第一台仿人机器人。如今，中国在人形机器人领域已有不少知名代表，如宇树的 G1、小米的 CyberOne 和优必选的 WalkerX；北京理工大学、浙江大学、中国人民解放军国防科技大学和哈尔滨工业大学等高校也在相关研究上积累颇丰。

接下来，笔者将分析各阶段最具代表性的人形机器人，这些机器人在前文中已有介绍。现在，补充一些细节信息。

1967 年，早稻田大学研制的 WABOT-1 诞生。它身高约 2 米，重 160 千克，配备了肢体控制、视觉和语音交互系统，拥有仿人双手和双腿，全身共 26 个关节。胸部装有两个摄像头，手部装有触觉传感器。尽管其行动能力仅相当于一岁多的婴儿，但是它的问世标志着人类在全尺寸人形机器人双足行走方面取得了初步成功，意义重大。其主要创造者加藤一郎被誉为“世界仿人机器人之父”。

2000 年，本田公司推出了人形机器人阿西莫（ASIMO），它能够以 0~6 千米 / 时的速度行走，实时预测下一个动作并调整重心，此外，它能执行握手、挥手、随音乐跳舞等交互动作。经过多年的迭代，ASIMO 的最新一代具备了多种综合能力，包括：

- 利用传感器进行避障。
- 执行预先设定的动作。
- 根据人类的语音或手势指令执行相应动作。
- 进行基础的记忆与辨识。

2009 年，波士顿动力的 Atlas 人形机器人问世，原型机于 2013 年 7 月向公众公开。Atlas 采用液压驱动电液混合模式，融合了光学雷达、激光测距仪、ToF 深度传感器等设备的技术能力。经过几次优化，Atlas 能够通过 RGB 摄像头和 ToF 深度传感器捕捉环境信息，利用模型预测控制器技术（MPC）跟踪动作、调整发力和姿势动作等。在 28 个液压驱动器的推动下，Atlas 可以在复杂障碍环境内做出跳跃、翻滚、小跑、三级跳等一系列高难度动作。

特斯拉机器人 Optimus 是目前人形机器人最前沿的代表之一。它出现的意义不仅在于其具备精确把控动作力度、看路记路、根据人类动作范例进行端到端动作操控等惊人的能力，更在于其与遍布全球道路、拥有大量数据和实践经验的特斯拉汽车共享神经网络，且二者安装了相同的完全无人驾驶系统（FSD）。FSD 的背后是先进的传感器、计算机、AI 技术、算法、导航和地图数据的“大整合”，可帮助汽车和机器人在各类环境中实现感知、决策和行动。特斯拉基于汽车的技术、品牌和市场积累，将通用能力，尤其是在顶层数据和技术开发上的突破向机器人迁移。长期看来，这有助于使人形机器人成本下降。用埃隆 · 马斯克的话说，自动驾驶的本质其实就是机器人。

从人形机器人的发展过程我们可以清晰地看出，该领域一直朝着“高度集成、感知环境、运动自如、精细操作、产业量化”的方向迈进。这 20 个字其实已经从人性和产业的某些角度，隐然包含了“人类为何痴迷于人形机器人”这个问题的答案。

在理想状态下，能力高度集成、能精细应对不同环境状况的类人机器智能体是人类的最好帮手。因为类人，所以不需要为它们的大批量运行而大量改变适合人类的环境和基建设施（如楼梯样式、街道形态、厂房布局等）。目前，仓储机器人的应用常常伴随着厂区的改造，这相当于增加了机器人的使用成本。服务机器人虽然一般不需要改造工作环境，但常用的轮式底盘实际上限制了其应用的覆盖面积和空间，毕竟有些地方靠轮子是过不去的。简单来说，人类的生产生活不需要为了人形机器人做任何额外改变，这样既节省了成本，又符合人的本性。

阿西莫夫在《钢穴》中的一段话可谓与此遥相呼应，其大意是：

如果你要管理一座农场，你有两个选择。

一是在拖拉机、收割机、翻土机、汽车、挤奶器这些机械设备上分别安装一台“电子大脑”，让它们成为智能机械。

二是让拖拉机收割机、翻土机、汽车、挤奶器保持原样，但使用一个拥有“电子大脑”的机器人去管理它们。

你应该如何选择？

7.3.2　核心技术、部件与产业链

人形机器人的发展过程，也是相关技术和产业链不断完善和壮大的过程。尽管不同的人形机器人采用的技术可能有所不同，研发水平也在不断提升和迭代，但很多技术具有相对普适性，且人形机器人相关技术研发及采纳的目标与核心主旨也始终大体相同。下面对人形机器人的关键技术、主要部件、产业链概况和产业生态现象进行专门的梳理。

1. 关键技术

1）环境感知传感器与信号处理

人形机器人和其他机器人一样，想要实现对环境的感知与理解，并精确模拟人类交互及行为方式，就必须配备各种先进的数据采集与环境感知传感器。例如，用视觉传感器（如摄像头）捕捉图像信息、用声音传感器（如麦克风）获取语音信息、用压感传感器感知接触力的变化、用光感传感器捕捉光线强度和颜色信息。多传感器信息的融合是个中关键，只有整合多个传感器在时间和空间维度上捕捉的数据，发掘并利用其中的互补性和冗余性信息，以特定的优化算法形成对环境的精准感知和理解，人形机器人才能实现有效的运动规划，并高效且精准地执行作业。

2）智能控制技术

人形机器人作为一种融合了机械、电子和智能算法的复杂智能体系，想要实现与人类相似甚至超越人类的任务执行能力，其核心之一便是具备卓越的智能控制技术。智能控制涉及运动控制算法、平衡控制机制等多个层面。例如，水平反应控制可维持动态平衡，零力矩点（Zero Moment Point，ZMP）控制可确保人形机器人的行走稳定性，步长位置控制可精确调度每个关节的运动以实现预期步态。这些控制算法与先进的控制系统、高精度减速器、电机等紧密结合，共同确保人形机器人能够流畅、精准地完成各项动作。因此，不断提高人形机器人的智能控制技术水平，是行业内持续攻坚的重要课题。

3）本体设计及材料工艺

优化人形机器人的本体设计至关重要，因为人形机器人拥有多达数十个仿生关节。优秀的本体设计不仅要考虑机械结构的合理性，还要兼顾运动性能和能耗效率。与此同时，材料工艺的选择与应用对于人形机器人的整体性能有着直接影响。优质的材料，如轻质合金和碳纤维复合材料，可以有效减轻人形机器人本体的重量，提高能耗效率，扩大其运动范围，并增强负重能力和运动灵活度。因此，在研发人形机器人的过程中，选用先进的材料工艺并精益求精地提升制造和装配精度，是提升机器人整体性能的重要环节。

4）能源优化技术

虽然能源问题在人形机器人研究中并未得到广泛关注，但事实上，为了使人形机器人摆脱能源限制，并在长期、自主、多元场景下实现可靠作业，高效的能源供给与管理技术是必不可少的基石。人形机器人结构复杂且关节众多，因此对其驱动源或动力源的要求十分严苛。这些动力源需要朝着小型化、轻量化、大容量、高能量密度的方向发展，同时需要具备良好的耐热性、长循环寿命和可控的成本等优点。开发高效、环保且可持续的能源系统，对于推动人形机器人技术的长远发展具有重大意义。

5）人机交互技术

本田公司的 ASIMO、汉森机器人公司的 Sophia，以及 Engineered Arts 公司的 Ameca 等人形机器人，都是各自时代的代表作，都曾在人机交互技术方面处于领先地位。这些人形机器人通过搭载高精度的摄像头实现面部识别，配合先进的音频识别程序捕捉并理解人类的声音信息，同时利用 AI 算法对收集的数据进行深度分析和处理。这些人形机器人不仅可以与人类进行自然而流畅的对话，还能通过识别和模拟人类的表情与情绪，提升交互的真实感和亲切感，拉近人形机器人与人类之间的沟通距离，为未来的智能生活和工作场景提供了无限可能。

2. 人形机器人的主要部件

技术的有效应用离不开优质部件的整合。以当前最先进的人形机器人为例，其主要部件有以下几部分。

（1）电机。

电机包括伺服电机、步进电机、力矩电机、球形电机等。其中，力矩电机的研制难度较大，它可在中低速运动过程中提供更高扭矩，适用于人形机器人低速和高力矩的需求。

（2）谐波减速器。

谐波减速器备受市场关注，其结构简单、传动比高、精密度高，但在耐久性等方面还有提升空间。

（3）力矩传感器。

力矩传感器是人形机器人重点使用的关节零部件，目前已形成电机—减速器—传感器的关节总成设计。

（4）上肢传动方式。

滚珠丝杠，指将滚珠往复运动转化为丝杠直线运动。与皮带、链条等传动方式相比，滚珠丝杠摩擦小、运维成本低。

（5）下肢传动方式。

行星滚柱丝杠，耐外力冲击、寿命较长。

（6）手部关节。

空心杯电机，设计不复杂，后面详细介绍。

此外，直线和旋转关节使用的轴承包括角接触轴承、交叉滚子轴承、深沟球轴承、四点接触球轴承等，重量轻、设计紧凑、精度高。

接下来介绍笔者尤为看重的力矩传感器、谐波减速器、行星滚柱丝杠和空心杯电机。

（1）力矩传感器。

力矩传感器是一种电子装置，用于监测、检测、记录施加在其上的线性力和旋转力，使得机器人拥有触觉。按测量维度，力矩传感器可分为一维至六维传感器，其中六维传感器可测量 X、Y、Z 三轴的力和力矩。2022 年全球力矩传感器市场空间达到 84 亿美元。

（2）谐波减速器。

谐波减速器是一种精密的传动装置，通过大幅降低输入转速来提升输出扭矩，从而承载更大负荷，弥补伺服电机因功率限制而导致扭矩输出不足的问题。其核心结构有三个关键部件：刚轮（内部带齿的刚性齿轮）、柔轮（外部布满齿圈的弹性齿轮）和波发生器。

谐波减速器典型的运作模式是：波发生器主动驱动、刚轮保持固定、柔轮输出。当波发生器嵌入柔轮内部时，其独特的形状使柔轮发生弹性形变，呈现出椭圆轮廓。在这个过程中，柔轮的长轴部分与刚轮的齿槽完全啮合，而短轴部分则与刚轮齿槽脱离接触。随着波发生器的连续旋转，柔轮持续经历周期性弹性变形，构成有序的齿错位运动，实现了动力从波发生器到柔轮的高效传递。

与行星减速器和RV减速器相比，谐波减速器有更高的传动比、更轻的重量和更紧凑的体积，这些特性使其成为机器人关节驱动的优选方案，特别是在空间受限且对输出扭矩要求较高的应用场合。根据华经产业研究院数据，预计到2025年，谐波减速器市场规模有望达到47亿元。其中机器人用谐波减速器市场规模约为30亿元，2021—2025年，年均复合增长率约为25%。

国产谐波减速器在效率、减速比、传动精度、扭矩、刚度等关键指标参数上，已基本达到世界领先水平，但是在使用寿命、故障率等方面仍有差距。打破海外技术壁垒的关键是设备和制造工艺。

（3）行星滚柱丝杠。

行星滚柱丝杠是将旋转运动转换为线性运动的机械装置。行星滚柱丝杠与滚珠丝杠的区别在于其载荷传递元件是螺纹滚柱。常见的行星滚柱丝杠在主螺纹丝杠的周围行星式地布置了6~12个螺纹滚柱丝杠，从而将电机的旋转运动转换为丝杠的线性运动。行星滚柱丝杠能够在极其艰苦的环境下承受重载上千小时，这使其成为需要连续作业应用场景的理想选择。

据百谏方略（DIResearch）研究统计，全球滚珠丝杠市场规模呈现稳步扩张的态势。2023年，全球滚珠丝杠市场销售额达到153亿元，预计2030年将达到235亿元，2023—2030年，年均复合增长率为6.32%。其中，亚太地区是滚珠丝杠最大的消费市场。2023年，亚太地区的滚珠丝杠市场销售额为87亿元，预计2030

年将达到 135 亿元。全球主要的滚珠丝杆厂商有 NSK、THK 和 SKF 等。

（4）空心杯电机。

空心杯电机在结构上突破了传统电机的转子结构形式，采用了无铁芯转子（即空心杯型转子），消除了由于铁芯形成涡流而造成电能损耗的问题。同时，其重量、体积和转动惯量都大幅降低，减少了转子自身的机械能损耗。由于转子结构发生了变化，电机的运转特性也得到了较大改善，不但具有突出的节能优势，更具备铁芯电机无法达到的控制和拖动特性。

3. 产业链概况

人形机器人产业链的上游包括原材料及核心部件，中游为系统集成及机器人本体制造，下游为各落地应用场景。同时，人形机器人产业链可划分为软件和硬件两部分。软件部分一般由系统集成商或品牌方主导，包括各类机器人算法和 AI 算法等。硬件部分包括动力系统、智能感应系统、结构件及其他部件。其中，动力系统由电池系统、伺服电机、减速器、行星滚柱丝杠和控制器等构成。智能感应系统包括芯片、传感器等。结构件和其他部件此处不赘述。

在整条产业链中，从长期来看，最具价值的部分在于软件部分。能够自研或拥有 AI 算法的核心技术者，将掌控人形机器人的中枢与大脑，能够在技术层面掌控人形机器人的发展方向。笔者认为，未来人形机器人的产品之争，在很大程度上是各个本体厂家和品牌方在 AI 赛道上的竞争。出色的机器人公司从本质上看是 AI 公司。从当下看，价值占比高、增量空间大、毛利可观的部分有谐波减速器、行星滚柱丝杠、伺服电机、传感器等。

产业链的发展与完善，是技术、资金、创新等多维度聚合的产物，其中创新能力起到引领作用。专利数据是衡量创新的重要指标，下面分享两个相关数据。

（1）机器人专利。

近年来，机器人与其他前沿科技产业的结合愈发紧密，而人形机器人的出现更是让机器人的“技术”含量日益提升。近年来，中国机器人专利总体保持稳定增长，《经济参考报》在《专利数量全球领先 人形机器人技术实现从追赶到领跑》一文中，引用了《人形机器人技术专利分析报告》（简称《报告》）的数据，《报告》指出，截至2023年5月31日，中国在人形机器人专利申请数量（6618件）和有效专利数量（3110件）上均是全球第一。

（2）大模型相关专利。

根据国家工业信息安全发展研究中心、工信部电子知识产权中心发布的《中国AI大模型创新和专利技术分析报告》，自2017年始至2023年9月止，中国创新主体共申请AI大模型相关专利约4.02万件，年均增速达56.0%；2022年，AI大模型的专利申请量突破新高，达到12350件。

4. 产业生态现象

在人形机器人领域的最新产业生态观察中，可以看到以下发展趋势。

（1）跨界融合加速。

来自新能源、汽车等行业的一大批资深研究员正积极投身于人形机器人的研发浪潮中。这一趋势显然能够促进技术的跨界应用，并加快人形机器人的迭代与革新。

（2）供应链多元化拓展。

传统汽车行业及家电制造业的领军企业，如拓普、三花和鸣志，正逐步涉足人形机器人零部件的生产与供应。这标志着人形机器人产业链的规模日益完善与壮大。

（3）机械行业标的的广泛聚焦。

在投资与研究领域，人形机器人相关产业链的关注点已从最初集中在少数几家明星企业（如绿的谐波），逐渐拓展至包括行星减速器、直线导轨、丝杠、泛机器人组件、精密弹簧、高性能连杆等更加广泛的细分领域。这一变化反映出市场对人形机器人技术全链条的深度挖掘，预示着该行业正步入一个技术密集、配套齐全的发展时期。

需要指出的是，有一种观点认为：目前人形机器人的硬件规格在负载能力、运行速度和扭矩输出等方面低于工业机器人标准，在人形机器人产业链发展初期，核心挑战不在于零部件供应商的技术瓶颈——这些“拼图碎片”已逐渐完备，涵盖了精密减速器、高性能电机和高级传感技术等多个方面。真正的考验，实际上落地在了“拼图玩家”——整机制造商和品牌企业的肩上。

7.3.3　人形机器人与具身智能

何谓具身智能？对具身智能的定义有很多种，但它们的核心理念大体相同，或许可以这样解释：生物尤其是人，以及机器人等人造半智能体，需要在与环境的交互实践中提升对世界的认知、积累经验、形成并完善“智能”。具身智能并不是一个新鲜概念，其最早的萌芽可追溯到人工智能诞生之初。1950 年，图灵曾展望过人工智能的两个潜在进化方向：一个是专注于抽象的计算，如下国际象棋所需要的智能；另一个是为机器（不一定是机器人）装备上强大的传感器，使其能够与人交谈，并如婴孩般学习知识技能。这两条路线慢慢演变成了非具身智能和具身智能。

著名人工智能专家罗德尼·布鲁克斯（Rodney Brooks）在 1986 年颇具前瞻性地指出：智能是具身化和情境化的。只有具身智能体才能完全成为能够应对真实世界的智能体，通过物理根基，内在符号系统或其他系统才能接地。

自 AI 概念诞生以来，其能力已在众多领域得以施展，包括拟真生物行为、目标追踪、自动化控制、图像识别、语音处理和机器翻译等。但是，众所周知，AI 仍处于弱人工智能的范畴，甚至没有碰到强人工智能的基础门槛。这也正是人类关注具身智能研究的主要动力之一。具身智能的研究旨在汲取具身认知理论的精髓，让机器（不一定是机器人）在物体辨识、工具运用、逻辑推理、价值判断及语言操作等方面逼近甚至达到人类智能的水准。在这一宏大的任务当中，最关键的一环可能就是让机器真的“理解”空间环境，实现从物理实体到信息层面的精细、微妙的“语义转换”，这是不断实现智能提升的基本面。

目前，离人类最近的实现具身智能的路径，或者说最有希望让人直观快速感知到具身智能实际价值的，似乎就是大模型 + 人形机器人的组合。这种组合标志着人类离“体现型”智能越来越近，即通过在人形机器人中集成人工智能，使人形机器人无限接近地模拟出类似人类的特征和能力。这种进化弥补了一般机器人与人类之间的差距。2023 年开始大热的 GPT 等大语言模型，已呈现出让人与机器人交互更加容易的迹象。目前，部分人形机器人已经可以与人就特定话题或任务目标进行直接快速地交互。例如，在一场人形机器人比赛中，由 OpenAI 支持的实体机器人公司 1X 打造的 EVE 机器人，击败了特斯拉机器人 Optimus。EVE 机器人的部分软件功能由 ChatGPT 提供支持。与之类似的是，ChatGPT 和波士顿动力机器狗实现了一次融合，人可以直接对机器狗发布指令。虽然机器狗不是人形机器人，但是在社会意义和人的心理层面，如今很多人都将狗视作家人，因而举此例似乎也并无太大不妥。

总之，将大模型技术应用到人形机器人上，有助于快速赋予机器人“常识”，使其具备理解与推理能力，并让人能直接口头指挥机器人。同时，借助人形机器人载体，人工智能也不再只是根据已有的数据和资料来学习，而是在复杂、真实、鲜活的现实世界中探索学习。这标志着一个全新的发展维度。

人工智能在赋能人形机器人的同时，推动了语音识别、人脸识别、自然语言处理、机器视觉等领域的技术进步，并促进了精细人机协作、机械结构和运动控制技术的发展（这与其他形态的机器人与 AI 的关系相似）。这种相互促进的关系不仅适用于人形机器人，也适用于其他形态的机器人、自动化技术，以及与之相关的市场和产业。

7.3.4　中国人形机器人，手比脚重要吗

2024 年 5 月的一天，笔者前往一家人形机器人初创企业进行

实地考察。刚走进实验室，便目睹了该公司的一位联合创始人与一位研发人员激烈地争论一个问题。争论的焦点是，有投资人询问他们的人形机器人能否自主地从一个位置移动到另一个位置，高精度地抓取一个部件，然后拿着部件返回初始位置。

研发人员说："笼统地讲，这事儿能做到，至少表面上没问题，但如果深入细节就不好说了。暂且不提手部抓取的问题，单就双足机器人的定点导航而言，就要比轮式机器人困难。不如先做轮式再做双足？"

那位联合创始人说："你怎么又绕回来了？这个问题不是早就讨论过了吗？我们肯定要做双足的，不会做轮式的。现在全球的人形机器人基本都是双足的，投资人也不会投一个没有双腿双脚的人形机器人。"

这时，研发人员看见笔者这个陌生人和他们的老板一起走过来，便不再多说什么，只是低声地说了一句："不务实啊，不务实。"

你可能已经明白，他们争论的核心其实是：人形机器人一定要做成双足的吗？

笔者认为，从长远看，机器人会是双足的天下，只是目前务实地讲，的确不一定非要做成双足，而且对中国人形机器人而言，或许手比脚更重要。

首先，双足机器人的定点导航确实要比轮式机器人的困难。

双足机器人必须在动态中维持平衡，这需要倚仗复杂的控制系统来模拟人类行走时的平衡调整，包括步态规划、重心转移、关节力矩控制等。与轮式机器人相比，双足机器人在行进中保持稳定性的算法和物理实现较为复杂。事实上，想要双腿行走时稳定、安全，还需要高级的控制算法和机器学习技术，SLAM、路径规划、步态生成等都需要纳入考虑。此外，双足机器人算法的实现难度和计算资源消耗，通常也高于轮式机器人。

虽然双腿行走在理论上能适应更广泛的地形，但这要求机器人能够准确判断地形并做出相应的步态调整。例如，上下楼梯和跨越障碍时机器人的走路方式肯定是不同的，这就增加了导航的难度和计算量。为了实现精确地定点导航，双足机器人需要高度精确的定位系统和传感器融合技术，以确保每一步落脚点都符合预定路径，这对于不规则表面的适应性要求很高。

此外，在通常情况下，双足机器人在执行相同任务时的能耗可能高于轮式机器人，因为维持平衡和进行动态行走需要更多的能量。

因此，上文提到的研发人员的考量，从技术实现的角度讲，是很有道理的。

为什么现在全球最红的那些人形机器人，都被设计成双足呢？这是因为双足设计能让机器人适应人类生产生活的环境，卧室、办公室、商场、车间等都是为人类设计建造的，因此双足机器人在理论上能够像人类一样行走在不平整的路面、上下楼梯、跨越障碍、穿越狭窄的空间。

与之相关联的是，双足结构为人形机器人执行很多细节的精密复杂动作提供了基础，如蹲下捡拾小物件、弯腰拾起操作工具等，这些动作对于轮式或履带式机器人来说相对困难。也就是说，双足机器人通过模仿人类的肢体动作，能够执行更多样的工作和生活辅助任务。这种能力为什么有价值呢？因为从长远来看，人形机器人被设想为能够在人类社会中扮演很多角色，如照顾老人、辅助残障人士、参与救援任务等。因此，为了更好地融入人类社会并承担这些角色，模仿人类形态和运动模式成为一个自然而然的选择。

同样具有长远意义的是，双足人形机器人的研发涉及众多技术领域——这些技术难点的突破，不仅推动了机器人技术本身的进步，也对相关产业的发展起到促进作用。例如，关节力矩、步态生成等的研究成果，其价值绝不仅限于双足人形机器人。实际上，双足直立行走本身就是机器人学中的一个重大挑战，它代表了控制算法、机械设计、感知系统等多个领域的前沿技术。成功开发出高性能的双足人形机器人，是展示一个国家或企业科研实力的重要标志。

那么，现在双足人形机器人能否在实战中自主地从一个位置移动到另一个位置，高精度抓取一个部件，然后拿着部件返回初始位置吗？

恐怕还不行，至少没有达到像工业机器人和部分服务机器人那样能与人类正常协作的程度。

前面探讨了人形机器人的行走问题，那么人形机器人的手部设计和抓取能力如何呢？

目前，人形机器人的手部设计越来越精密和多样化。一些高端型号，如特斯拉的“灵巧手”，采用了六电机驱动，拥有类似人类的五指结构，具备 11 个自由度。在抓取方面，人形机器人的手部集成了传感器和智能算法，以增强物体识别、抓取策略制定及力控能力。通过视觉传感器、触觉传感器和先进的 AI 算法，机器人能够识别不同形状、大小和材质的物体，并采取相应的抓取策略。在搬运方面，虽然人形机器人已经能够在一定范围内安全地搬运物品，但搬运效率、负载能力和持续工作时间仍受限于动力系统、平衡控制和能源供应等技术瓶颈。特别是在非结构化环境中，保持平衡的同时进行搬运是一个较大的挑战，如成本高、耐用性差、复杂环境下的适应性有限。简单的 2 指夹爪和 3 指 D'Claw 等设计在很多机器人中仍然十分常见，这些设计的手部功能有限，主要适用于执行简单的开合动作，如推拉门窗。

在拜访结束时，笔者看了一眼手机，发现一个群里有同行问了一个问题："现在哪个人形机器人是移动 + 上装都是端到端的？"另一位群友回答："不确定，各家宣传上似乎都刻意回避了这个问题。"

所谓"端到端"，笔者的理解是从感知输入到动作输出的全过程，这包括利用深度学习等技术，使人形机器人能够根据环境输入直接做出决策并执行任务。

特斯拉机器人 Optimus 据说采用了端到端的神经网络训练方法，能够从视频信号输入直接产生控制信号输出，显示出在移动和操作（上装功能）上的端到端能力。尽管没有详细说明是否所有移动 + 上装操作都实现了完全端到端的整合，但其展示的视觉自标定、颜色分拣、单脚保持平衡等都体现了高度的自主性。

OpenAI 投资的 Figure01 人形机器人也采用了端到端的神经网络框架，声称能够与人类进行对话并执行任务。虽然未明确指出其在移动和上装任务上完整的端到端能力，但端到端的学习方法暗示着它可能在某些任务上实现了从感知到行动的直接映射。

在回去的路上，笔者的脑海中浮现出了前文提及的结论：对于中国的人形机器人而言，或许手比脚更重要。

中国作为制造业大国，在生产线的组装、检测、包装等环节对手部精细操作的需求巨大。这些环节直接关系到产品质量和生产效率，因此手部的灵活性和精准度更值得关注。可以说，机器人的移动能力可以不完美，但手部操作必须精准。类似地，在服务机器人领域，如养老、康复、家庭服务，人形机器人需要进行物品传递、操作家用设备等，手部的功能直接影响着用户体验和机器人的实用性。轮式机器人能解决大部分移动问题，不一定非要采用双腿行走。从产品尽快落地的角度来看，或许先采取轮式设计更为合适。

当然，人形机器人创业考虑的维度非常多，技术实现和产品落地只是其中两个方面。除此之外，有很多现实问题需要解决，如投融资、品牌建设，以及一些更宏观的叙事元素。对于一个国家来说，在评估某个产业时需要考虑的因素会更加复杂。

那天，当笔者走到家门口时，看到一个孩子正在玩一个能变形的变形金刚。擎天柱和威震天无疑构成了很多 70、80、90 甚至 00 后的人对机器人认知的一部分。实际上，人类按照自己的形态构思科幻作品甚至神祇，是一种近乎必然的本能。至于人形机器人为何采用双足设计，其根本原因或许并不像我们想象的那么复杂。

灵巧手现在发展得又如何呢？

前段时间笔者受邀参加一个科普活动，一个孩子问笔者：“灵巧手一定要像人手吗？”笔者大吃一惊，没想到一个六年级的学生已经知道灵巧手。笔者思考了一下答道："其实不一定。"他紧接着又问："那为什么现在很多人一说灵巧手，都默认是模仿人手的样子？"

这并非一两句话能讲清楚。灵巧手其实就是机器人末端执行器的一种，而末端执行器是机器人与环境直接相互作用的部件，也是帮人类干活的直接工具。的确，灵巧手大体上模仿了人手的结构和功能。人手作为生物进化的奇迹，其灵活性、精度和对不同任务的适应力都让人惊叹。就像笔者对那个男孩说的："你前一秒能用手拿话筒，下一秒就能用手搬凳子，你看猪蹄子行吗？"

这样的广泛适用性可谓和机器人一拍即合，因为人类就是希望机器人能够在各种生产生活场景中提供服务。自 20 世纪 60 年代以来，全世界对灵巧手的研究不断增加，从二指到五指，从工业应用到日常生活场景，从基本的抓取到精细的操作……通过模拟人手，研究人员试图打造出能和机器人本体一起无缝融入人类社会和环境的智能体。与其他形态的末端执行器相比，模仿人手设计的末端执行器在执行需要精细操作的任务时更为方便，如在狭小空间内作业或处理易碎物品。

那个男孩坐下后，一位女观众举手提问："据说灵巧手比其他形态的末端执行器更节能，是这样吗？"

笔者说："这取决于具体的设计、应用场合，以及采用的技术。在某些设计精良并针对特定任务优化的情况下，灵巧手通过精确控制和高效能源管理，可能会展现出较高的能效，尤其是在执行需要精细操作的任务时，能够减少不必要的动作和能耗。但是，在简单重复劳动或大规模生产线上，传统的或特定设计的末端执行器可能因为结构更简单、动作更直接而更加节能。”

女观众说：“也就是说，是否节能更多地依赖于任务的匹配度和整体系统的优化，而不仅仅由末端执行器的形态决定。”

笔者说：“是的，你真专业”。

她说：“我家先生从事自动化行业，我今天是替他来的。”

听众们发出了友好的笑声。

这时，一位摇着蒲扇的大爷问：“为啥灵巧手现在这么火？就因为人形机器人火了？”

笔者说：“这肯定是一个原因，但我们更应关注背后的大趋势。随着人口老龄化的加剧和劳动力成本的上升，对机器人的潜在需求正在增加。同时，灵巧手自身的能力也在不断进步，有望帮助多个行业提高效率、降低成本。为什么灵巧手的能力会进步呢？这是因为 AI、机器人学、精密机械、微电子和新型材料等领域都在快速发展，使得灵巧手的技术水平得到了显著提升。新一代的灵巧手融合了先进的传感器技术、智能算法和轻质高强度材料，因此在精度、灵敏度和适应性方面表现得更为出色。”

这时，角落里传来一个声音：“那以后机器人的末端执行器都会是灵巧手吗？”

这个问题同样不好回答，只能说没有绝对的答案。

一方面，随着技术的进步和成本的降低，灵巧手因其高度的灵活性和智能化，在需要精细操作和人机交互领域可能会越来越普及。

另一方面，不同的应用场景对末端执行器的需求差异很大。例如，在某些特定行业或任务中，如高速自动化流水线、重型物料搬运，传统形式的执行器，如简单的夹持器或吸盘，可能因其实用性和经济性而继续存在，因为它们在特定情境下作业效率更高、成本更低。

这种状态可能会持续一段时间，未来机器人末端执行器的格局预计将继续保持多样化。技术的选择将更加注重实际应用的匹配度，而非单纯追求技术的先进性。

笔者前面提到，对于中国的人形机器人而言，或许手比脚更重要。这可以进一步引申：灵巧手才是机器人的核心价值所在。当然，这句话单独来看显得有些偏颇，但笔者想表达的是，尽管灵巧手未必会在短时间内取代其他形式的末端执行器，但其底层逻辑和人形机器人类似：因为像人，所以能更好地适应人类生产生活环境，帮助人们完成任务。这与人们对机器人的基本期待相吻合：减轻人的劳动负担、帮助人们省力。

活动结束后，一位中学教师李老师和笔者讨论了自主创新的话题，并对空心杯电机表现出浓厚的兴趣。空心杯电机功率密度和能量转化效率高，响应速度快，运行稳定，与灵巧手的需求高度契合。它的自主创新潜力巨大，国内也有多家公司正在这一领域进行研发。

在自主创新的背景下，虽然灵巧手存在较高的技术壁垒，但是国内企业正在迅速缩小与世界领先水平的差距。凭借价格优势，相信灵巧手在各行业的渗透速度会加快，这将推动机器人国产化进程，打破国外技术垄断的局面。

灵巧手的其他核心零部件，如伺服电机和传感器，它们的自主研发与生产同样重要。它们的国产化不仅关乎灵巧手的性能，更是推动中国机器人产业整体升级的关键。它们对于中国实现从“制造”到“智造”的转变具有战略意义。然而，战略意义的背后是普通人的支持和劳作，人们能记住那些引发热议的国家决策和名扬四海的科技人物，但却常常忽视自己才是这一切的真正主角。科技产品的需求源于大众，科学技术要解决的痛点也源自人性。任何技术进步都应服务于人，以人为本。“人”这一撇一捺的背后，是一段段鲜活的人生故事。

第 8 章 中国机器人出海的内核

近两年，中国企业出海渐成趋势，但中国机器人企业的全球化之旅并非近两年才展开，不同类型的机器人呈现出不同的出海脉络，而人工智能的蓬勃发展又给中国机器人的全球化带来新的变数。本章笔者将简要梳理中国机器人的全球化征途，并结合具身智能机器人的发展态势，从机器人应用场景的角度，剖析中国机器人出海的内在逻辑与趋势。笔者认为，技术与场景，将是左右未来中国机器人国际化的两大核心要素。

8.1 中国机器人的全球化之旅

要回溯中国机器人的国际化旅程，需要分类叙述，因为不同类型的机器人呈现出不同的出海脉络。下面以工业机器人和服务机器人两大类分别加以阐述。

8.1.1 工业机器人出海：最早的全球化“弄潮儿”

在中国机器人家族中，老大哥工业机器人是最早涉足“国际赛场”的。其中最富标志性意义的案例，可能是新松机器人的移动机器人 AGV 在 2007 年出口至通用汽车的墨西哥工厂。这意味着中国国产 AGV 机器人开始走向世界。在落地拉美以后，新松又再接再厉，与通用的供应链体系一起，陆续进入美国、韩国、印度等市场。

其实，新松的这条路，代表着中国工业机器人三大出海模式之一——跟随客户，与客户一起出海。虽然有些低调，却务实而富有成效。

第二条路，是在目标市场中选择合适的当地合作伙伴，共同布局。例如，2019 年，海柔创新开始和日本的牧今科技合作，进入日本市场；2020 年，海柔创新和韩国 LG CNS 达成合作意向，进军韩国；2021 年，海柔创新和 MHS 合作，成立美国子公司。

第三条路，就是并购，埃斯顿是这条路上的典型代表。由于通过其海外收购可以窥见工业机器人技术及场景演进，因此下面稍加详述。

2015 年，埃斯顿收购了从事机器人 3D 视觉技术研发和生产的意大利 Euclid Labs SRL 公司，实现了其机器人智能化视觉应用的突破。在工业机器人应用不断扩展的情况下，原有单纯采用通过示教和预编程来实现自动化工作的机器人，在柔性生产能力上难以满足现代生产的需要，引入具备机器视觉功能的机器人产品，势在必行。可以说，“视觉能力”是很多工业机器人从自动化设备升级为智能装备的关键。

2017 年 2 月，埃斯顿收购了英国 TRIO 公司，后者在工业自动化和运动控制领域深耕数十年。这一收购使埃斯顿打通了智能装备核心部件的上下游产业链，同时得以向 TRIO 公司原有客户推广自己的伺服系统。同年 4 月，埃斯顿收购了由麻省理工学院（MIT）

人工智能实验室衍生出的 BARRETT TECHNOLOGY，并持有后者 30% 的股份。BARRETT 专注于微型伺服驱动器（5cm 大小）、人机协作智能机器人和医疗康复机器人的研究与制造。通过该次收购，埃斯顿理论上可掌握一体化微型伺服系统的关键技术，为进军被国外公司垄断的高端伺服应用领域，以及给一些机器人提供核心零部件奠定了基础。当年 9 月，埃斯顿又以 886.90 万欧元的价格收购了在自动化智能制造领域积累了顶级技术和客户群的德国公司 M.A.i.50.01% 的股权。该次收购围绕埃斯顿智能制造系统集成业务产业链进行，进军德国工业 4.0 标准下的智能化生产线、数字车间、数字工厂业务，让德国先进技术赋能中国市场，并开启埃斯顿机器人在欧洲市场的布局。

2019 年 8 月，埃斯顿公告拟收购德国百年焊接巨头 CLOOS 公司，途径是拟通过与控股股东派雷斯特共同增资子公司鼎派机电。成立于 1919 年的 CLOOS 公司，是焊接技术的集成先驱，当时在全球拥有 13 家子公司和 50 多个销售和服务中心。

综上，根据埃斯顿近年来的主要收购动作，其收购的主要目的有三个：拓宽产品线、丰富技术储备和扩大市场。其背后的战略布局或可概括为：构建从工业机器人核心部件、工业机器人本体到大规模智能制造系统和数字工厂的全产业链布局，成为具有国际影响力的知名工业机器人品牌。其思路值得工业机器人领域的后起之辈参详。

一般来说，欧美日韩是机器人出海的主要目标市场（对工业机器人和服务机器人都是如此），这些海外成熟市场有一些共同特点：人力成本高、劳动力数量不足（如根据 Trading Economics 的数据，日本约有 6700 万劳动人口，仅占总人口的约 50%）、用机器人代替人类的意愿强、对机器人和科幻比较熟悉、ROI 算得清、企业经营的隐形成本（法律因素、罢工等）高、市场付费意愿和购买力强、市场渠道和服务体系相对成熟等，能帮助真正有能力的机器人企业实现技术的落地转化，并构建更成熟的商业与服务体系。

近年来，工业机器人发展的另一个推动力是海外电商的演进。电商意味着要有仓储，仓储的运营管理当中又有自动化的需求。从某种意义上讲，中国的仓储自动化和机器人厂商的发展，如旷视、快仓、极智嘉、海康机器人，就得益于中国电商及仓储自动化产业的跃升（当然，仓储类机器人也可被纳入服务机器人大类），而海外电商、物流和仓储自动化的发展目前仍落后于中国。例如，在东南亚地区，只有少量海外仓库采用了自动化模式来管理，有大量的中小仓库仍采用手工记账、人工运维方式，这意味着中国仓储物流类机器人有着广阔的潜在海外市场空间。事实上，有些中国公司早已展开行动，如在 2017 年，极智嘉就成立了日本子公司，在当地组建本地化的销售、运营、服务团队，后来又陆续在欧洲、北美、中东、东南亚等地“设点”。快仓也在 2017 年跟随 Lazada 进入东南亚市场。中国机器人企业的商业嗅觉一直非常敏锐。

8.1.2 服务机器人出海：一步步实现“真盈利”

毫不夸张地说，中国的服务机器人如今正在席卷全球。韩国机器人产业协会发布的数据显示，韩国约 70% 以上使用的服务机器人是由中国制造商生产的。International Federation of Robotics 发布的《世界机器人 2023 报告》则称，在美国的 218 家服务机器人供应商中，中国公司占据了 106 个席位。

相对较早也较为人所熟知的服务机器人出海之举，应该是扫地机器人。科沃斯机器人、石头科技、追觅科技等企业在若干年前便已开始拓展海外市场。据国际数据分析机构捷孚凯分析，中国扫地机器人占据了 50% 以上的海外市场份额，在东南亚和欧洲的比例甚至更高。

如今，商用服务机器人也成为服务机器人的出海主力，如深兰科技的产品已累计登陆意大利、法国、韩国、日本、以色列、挪威、澳大利亚、俄罗斯等多个国家；擎朗智能、普渡科技、高仙机器人、锐曼机器人等企业也已经在国际市场占据一席之地。目前来看，初次出海的厂家常常愿意选择日韩这两个亚洲邻国作为着手点，因为日韩具有较为成熟的分销模式，厂商可以把产品和定价交给当地的渠道伙伴，由这些渠道伙伴推广销售产品，有时也采用“高举高打”的品牌合作模式去撬动市场。

与海外友商相比，这些中国机器人产品具有明显的成本优势，如中国送餐机器人的价格范围约在 5 万元~20 万元之间，而韩国的同类产品则要贵 1/4 左右（通过业内人士了解的近两年大致数据，可能会有变动）。同时，在海外销售的服务机器人售价又普遍高于国内市场，这意味着中国企业有较好的利润空间。这背后是中国成熟完备的供应链体系在支撑，中国拥有全球规模最大、种类最全、配套最完备的机器人产业生态系统，形成了从零部件到整机，再到集成应用的完整产业链条，这种强大的产业体系有助于机器人企业降低成本、提高供应效率、快速响应市场需求。同时，在软件技术领域，中国因为拥有广泛多元的机器人应用场景，能为机器人企业提供复杂的实战环境，这是弥足珍贵的。自 21 世纪以来，中国互联网产业腾飞，培育出一大批优秀的工程师、产品经理、营销人员和商业化人才，这些因素让中国服务机器人具备特殊的国际竞争力。

当然，服务机器人的出海，也有着不可回避的现实因素。其中，国内市场竞争过于激烈是一大原因。根据 IDC 发布的《2022 年中国商用服务机器人市场份额报告》，2022 年，中国商用服务机器人行业逐步进入成熟阶段，增长速度减缓。在这种背景下，许多公司遭遇了资金链紧张等问题，近两年服务机器人企业裁员的消息可谓不绝于耳。那么，出海也就很自然地成为服务机器人尤其是商用服务机器人谋求破局的希望所在。此外，对于谋求上市的创业企业而言，出海更是讲述新故事、拉升业绩数据的途径。据笔者所知，有几家出海的头部商用服务机器人公司近两年在海外增长良好，正逐步走向“真盈利”——是的，不可否认很多机器人企业实际上常年处于亏损状态，但随着企业管理水平的提高、海外市场的拓展，“机器人公司不赚钱”的舆论将逐步被改变。尤其是商用服务机器人，作为本质上的标准化产品，只要遵循市场规律、科学管理企业，客观上就具有盈利的“必然性”。

值得一提的是，现在除了扫地机器人、商用递送类机器人、送餐机器人等，割草机器人、除雪机器人、泳池清洁机器人等也逐步走出国门。以最火热的割草机器人为例，如今这一赛道已涌入九号公司、科沃斯机器人、大叶股份、格力博、汉阳科技、来飞智能等一大批中国企业。据咨询公司弗若斯特沙利文（Frost & Sullivan）的报告，全球有大约 2.5 亿个私家花园，其中约 8000 万个位于欧洲，约 1 亿个在美国。从某种角度来看，发达国家的庭院“割草”场景，是典型的可以让机器人企业不需要靠“卷”硬件成本、进行产品简配、降低产品质量，就能实现规模化应用、不断迭代成长的应用场景。

8.2　具身智能机器人，颠覆性的新机遇

在中国机器人企业踊跃出海的大背景下，人工智能尤其是具身智能与机器人的结合前景，正在带来全新的发展机遇。如今，越来越多的机器人初创企业在 PR 时称自己要做具身智能机器人。但具身智能究竟需要多久才能真正落地，始终是一个有争议的话题。有的投资人和学者告诉笔者，至少要 5 ~ 10 年才能有“像样的公司跑出来”。也有行业观察者认为，其成败全看特斯拉机器人 Optimus 的落地情况。

其实，无论具身智能机器人需要多久才能落地，其发展路径目前来看有三条：纯软件路径、“软硬结合”之通用人形机器人、“软硬结合”之细分场景下的通用解决方案。

8.2.1　纯软件路径：跨硬件的通用机器人模型

这一路径的核心是开发 Cross-Embodiment Foundation Model（CEF 模型），以实现跨硬件平台的无缝兼容。CEF 模型的设计初衷是克服传统机器人在开发过程中常见的局限性，即每个硬件平台往往需要独立的软件开发流程，这导致了高昂的时间投入和成本投入，且难以实现技术的快速迭代。

在传统的机器人模型中，感知、规划、行动三要素围绕着共同的目标进行互动。传统的机器人模型通常是模块化的，各个组件相对独立，需要人工进行整合和协调。Cross-Embodiment 提出了一个新的方法，将感知、规划、行动融合到一个端到端的模型中。这种端到端的模型借鉴了类似 GPT-4 这样的大语言模型，并将其应用于具身智能领域，特别是机器人领域。通过这种方式，研究人

员试图将强大的语言理解能力和生成能力注入机器人系统中，使其具备更高级别的认知和行为表现。

为了实现这一目标，这种端到端的模型可能会提供API接口，使开发者能够轻松地将模型功能集成到机器人系统中，以便让机器人能够更好地理解和应对现实世界的复杂情况。同时，提供API接口能降低开发的门槛，促进技术创新和应用的快速落地。

（1）技术优势与创新。

CEF模型允许开发者在编写一次代码后，即可在多个硬件平台上部署和运行。无论是精密的人形机器人、高效的轮式机器人，还是灵活的无人机，它们都能够共享同一套软件架构。这种跨硬件的通用性极大地简化了软件开发和维护流程，减少了重复劳动，使得开发者能够更加专注于创新功能的开发，而不是被琐碎的硬件兼容性问题所困扰。

（2）成本效益与资源优化。

理想情况下，CEF模型可显著降低机器人项目的总体成本。由于无须为每种硬件平台都单独开发软件，开发者可以节省大量的时间和资金，特别是在原型测试和大规模生产阶段。此外，CEF模型的可移植性意味着当新技术出现时，机器人可以轻松地集成这些技术，而无须更换整个硬件系统，从而实现资源的最大化利用和长期的投资回报。

（3）创新与迭代加速。

最令人兴奋的是，CEF模型为机器人技术的创新与迭代提供了加速器。开发者可以持续优化并升级软件模型，快速响应市场需求和技术进步，无须等待硬件的更新换代。这种以软件驱动的创新模式，使机器人能够更快地学习新技能，适应新环境，最终推动整个机器人行业向更高层次发展。

尽管纯软件路线具有巨大的潜力，但实际上是“前途光明、道阻且长”。

首先，要训练有效的具身智能模型，需要大量高质量的数据。获取这些数据绝非易事，尤其是在涉及隐私保护和数据安全的情况下。

其次，Cross-Embodiment 整体还处于早期阶段，其 Scaling Law（规模法则）尚未得到充分验证。这意味着研究者需要进一步探索这种方法的可行性，以及它能够带来何种程度的能力涌现。

这里做一些解释。

Scaling Law 是人工智能领域的一种普遍规律，通常指模型的性能随参数数量的增加而提升的趋势。此处的 Scaling Law 指的是 Cross-Embodiment 模型能否随着规模扩大而展现出更好的性能或能力。

在实践中，想要实现 Cross-Embodiment，可能需要解决以下问题。

复现 Scaling Law：研究人员需要证明 Cross-Embodiment 模型能够在不同硬件平台上保持一致的性能提升，就像在计算机视觉和自然语言处理等其他 AI 领域中观察到的那样。这需要大量的实验和数据分析来确认是否存在类似的 Scaling Law，并确定其适用范围。

能力涌现程度：能力涌现指模型在训练后表现出的超出预期的行为或能力，这通常由模型内部的复杂交互和非线性特质所致。想要评估 Cross-Embodiment 的能力涌现，需要进行广泛的实验和测试，以确定它们在多样化任务和环境中表现出的智能水平。

此处补充一条相关信息。近期，英伟达利用系统化方法尝试扩展机器人数据，以解决机器人领域最棘手的“数据”难题。其逻辑很简单：首先，在真实的机器人上收集演示数据；然后，在仿真环境中将这些数据扩展千倍及以上。英伟达利用 GPU 加速仿真技术，用算力来换取耗时、费力且成本高昂的人工采集数据这一过程。

根据英伟达 GEAR 实验室负责人 Jim Fan 的解释——

首先，研究人员使用 Apple Vision Pro 为人类操作员提供第一视角来操控人形机器人。Apple Vision Pro 可实时解析人类操作员的手势动作，并将动作重新定向至机器人的手部。

其次，使用 RoboCasa，这是英伟达开发的生成式仿真框架。研究人员可通过 RoboCasa 改变环境的视觉外观和布局来倍增演示数据。例如，让人形机器人在成百上千个厨房中放置杯子，这些厨房在纹理、家具和布局上各不相同，但实际上，在英伟达总部的 GEAR 实验室中只有一个厨房。通过使用 RoboCasa，可以在仿真环境中创建无数个虚拟厨房。

最后，使用 MimicGen，这是英伟达开发的一种通过改变机器人动作来进一步倍增数据的技术。MimicGen 基于原始的人类数据可以生成大量新的动作轨迹，并过滤掉失败的动作（如杯子摔掉了），从而创建一个更大的数据集。

英伟达的这一尝试，有助于解决机器人学习中的重大挑战，即采集数据。在真实世界中采集数据是很辛苦的，成本高且效率低。而通过 GPU 加速仿真技术，英伟达希望把人类示范数据快速便捷地转化成海量的训练样本。当然，这一尝试在未来是否会真正成功并大规模落地使用，还有待观察。

8.2.2　“软硬结合”之通用人形机器人

具身智能机器人的第二条路是专注于开发能够适应多元场景的通用人形机器人。这些机器人是具备高度自主性和智能水平的实体，其核心特征是拥有一个强大且灵活的 AI 系统，能够执行一系列复杂的任务。这种综合能力将使通用人形机器人和汽车、洗衣机一样，成为人类生活的一部分。

除技术和工程化落地难度太大外，舆论对通用人形机器人的质疑，主要聚集在必要性上，即是否有必要制造类人形态的机器人。如果非人形态的器物就能帮助人类完成特定任务（如吹风机、洗地机、马桶），为何要制造成人形？笔者将其称之为“工具路线”和“理想路线”之争，本节不赘述。理应承认的是，从工具性和实用性视角去考虑机器人的设计和制造，是永远有道理的。

但是，笔者始终认为，人形机器人本质上可被视为人类对机器人梦想的终极体现，而机器人作为拟人的智能体或半智能体，未来是一定要与人类社会深度耦合的，其意义绝不仅仅是帮助人类完成特定任务，而是通过延伸人类的能力半径，重塑人类的社会形态。

仅从工具属性去看待机器人是短视行为。

目前来看，实现通用人形机器人的希望寄托在C端机器人产品上，谁能从庞杂混沌的C端需求中择出具体的场景并打造卖得出去的产品，就可能占据一点儿先机。关于家用场景的巨大价值，下文还会详述。

8.2.3 “软硬结合”之细分场景下的通用解决方案

第三种具身智能的商业化路径聚焦于特定行业的通用解决方案，即General Purpose Robotics in Vertical Domain。这一策略的核心是深入理解特定领域或行业的独特需求，设计并制造高度专业化、定制化的机器人。这种针对性强的机器人不仅能够精准应对行业内的具体挑战，还能通过其卓越的性能，为相关领域带来前所未有的效率提升和成本节约，从而在商业上取得成功。

请注意，与纯工具性机器人相比，高度专业化、定制化的机器人属于具身智能机器人和通用机器人范畴，只是更专注在细分场景。这二者是有明显区别的。

下面简单举两个场景做例子。

1. 医疗健康领域

目前，机器人在医疗健康领域的应用仍然是碎片化的：递送类机器人帮忙送医疗用品，手术机器人帮忙做手术，陪伴机器人协助病患护理，导诊机器人告诉患者科室怎么走。

未来，或许会出现这样的情景：在医院中，一个车身人面的机器人安慰一个病人，让病人不要着急。然后它告诉病人家属现在应该去做什么，接着又把这个病人的药品和资料送到医生指定的房间。途中，它能自己坐电梯，还顺便给几个患者指了路。晚上，它在手术室和一个手术机器人配合，协助医生和护士完成手术。但是，如果你不加调整就把它放到超市，它就只能发挥部分功能。

2. 物流行业

物流行业是另一个可能会受益于细分场景下的通用解决方案的领域。目前，自动化机器人在仓储和配送环节的应用，已经显著提升了物流的效率。它们能够自主完成货物的分类、搬运、存储和分拣工作，大幅减少了人为错误，加快了货物周转速度。例如，亚马逊的 Kiva 机器人系统，通过智能调度，实现了仓库内货物的快速定位和提取，极大地优化了物流运营过程，缩短了订单处理周期，为消费者提供了更快速、更可靠的配送服务。

未来，仓库中的机器人可能身兼数职。除本职工作外，它们还能巡逻、取快递、收集工厂运营的部分数据等。

除了这两个场景，下面对在工业场景中工作的具身智能机器人进行分析。

总体来说，具身智能机器人的实现路径是一个从纯软件到硬件集成，再到特定行业应用的过程。在这个过程中，技术的成熟度、市场需求，以及跨领域应用的能力十分关键。其中，基础通用模型在具身智能机器人领域落地的难度尤为值得关注。

基础通用模型就像一个聪明的大脑，能够处理和理解大量的信息。然而，当这个模型走出实验室，进入现实世界时，它首先面临的挑战是如何适应各种环境。现实世界的环境远比我们提供给模型的训练数据要复杂得多。这就是泛化能力的问题——模型需要在没有见过的情况下，理解和处理新的情境。同时，现实世界中的任务和环境是多变的，模型需要能够快速适应这些变化。这就需要模型具备一定的灵活性，能够调整自己的行为以适应新的环境。

基础通用模型通常需要强大的计算资源，比如高性能的GPU。这不仅增加了成本，也可能限制了模型在资源受限的环境中的应用。

此外，要考虑模型的可解释性。在某些情况下，我们需要知道模型是如何做出决策的。例如，在医疗诊断或自动驾驶汽车中，模型的决策过程应尽可能透明，这样人类才能信任它。当然，这是一个理想化的诉求。

在将模型集成到机器人系统中时，需要考虑兼容性问题。模型需要与机器人的硬件和软件无缝协作，这可能涉及复杂的接口设计和通信协议等。模型的实时性能也是一个关键因素。在某些应用中，机器人需要迅速做出反应。如果模型的推理速度不够快，可能就无法满足这种实时性要求。此外，必须考虑模型的健壮性，在现实世界中，传感器数据可能会受到各种干扰，模型必须能够应对这些噪声和异常情况，以维持稳定的表现。

那么，这样的具身智能机器人，对中国机器人企业出海意味着什么？面对持续被 AI 重塑的机器人领域，机器人企业和即将入局的创业者该如何思考？

8.3　迈向家用场景的终局之路

在从偏技术视角分析过具身智能机器人之后，下面我们按照工业、商用、家用这三大机器人应用基础场景，进行更进一步的推导。机器人毕竟是应用于具体场景的，一旦脱离了场景，机器人的内在价值也就不复存在。以下内容中有大量思考结果来自笔者向刘晋宇先生（AI 与机器人领域的资深产品与商业化专家）、李海思博士（一位极其低调的经济和工业数字化学者）的请教过程，在此向他们的智慧表达敬意。

工业领域中的机器人应用（不仅是工业机器人，而是应用在工业场景里的机器人）具有以下几个显著特征。

- 终极目标是实现无人操作。人类在打造这类产品时，更多的是针对机器人进行设计，使其更加智能，而对人类员工的考虑居于次要地位。这并不是说要忽略人机协同，而是在很多工业场景中人们需要的是更自主的、无须人类操作的智能机器人。随着技术的进步，在工业细分场景中未来会出现全新的工作场景、作业流程和人机协作范式。
- 行业内的“专机专用”。不同行业间的工业场景的通用性较弱，每个行业的特定需求会导致数据难以跨行业复用。在某个工业场景中做得风生水起的机器人，可能难以在另一个工业场景中快速发挥作用。
- 多设备协同作业：一个完整的工艺流程，往往需要多种机器设备协同作业。

如果将工业场景与家用场景进行比较，则可以明显看出二者的目的性差异。家用场景强调的是强人机协作，因为家用机器人的设计目标始终是围绕着“人”来展开的，即通过与人互动（如语音交流、肢体动作、情感表达），来协助满足人类的各项需求，或是增强人类在家庭中的生活质量，创造更舒适的日常体验。从这个角度来看，家用场景可能是具身智能机器人发展的最终目标，尤其是在追求通用级产品的视角下。工业场景下的机器人，由于工业场景中的数据、经验都是很专业和细分的，往往只能用于同类的情境中，比较难以像家用场景一样实现通用性的结果。

这意味着，在面向家用（和部分商用）场景的机器人创业实践中，主要销售的是标准化产品。这些产品旨在满足人类对特定场景的功能性需求，并提供卓越的用户体验，让终端用户能够轻松上手使用且产生情感依赖。这需要制造商和品牌方拥有很强的综合能力，包括深入的用户洞察、出色的产品设计和高效的量产能力。

在工业场景中，更多的是向 B 端客户提供完整的软硬件解决方案。这要求制造商和品牌方具备较强的行业规划能力、交付部署能力、售后服务能力和产业资源整合能力。作为创业者，要仔细思考自身的优势所在，即有能力优先攻克的场景到底是什么？

具身智能大幅扩展了机器人的作业范围和服务边界，开辟了新的市场空间和应用场景。通过规模化的设备部署，人类可以通过机器人收集更多的场景数据，推动机器人智能化水平的提升，并逐步朝着通用性的方向发展。同时，规模化效应也有利于降低机器人的综合成本，使其能够覆盖更广泛的群体。到那时，具身智能的技术价值将得以充分展现，并形成规模化的经济效益。因此，几乎可以说，只有家用场景才具备颠覆性的市场基数规模和可能性。只有面向家用场景，才能最终打造出真正的“通用机器人产品”。当然，家用具身智能机器人的形态可能是多样化的，不一定是人形，这与前文的推论并不冲突，即人形机器人是具身智能落地的最直观的途径。因为具身智能机器人有一个发展过程，通用人形机器人可能是终极形态，与其他形态的具身智能机器人并存。

说到发展过程，有一点值得额外一提，即部分商用服务机器人可能会在未来与家用服务机器人“合流”。当下的一些商用服务机器人的工作场景，其实可以被看成是家用场景的延伸和变种，如在走廊做保洁的商用清洁机器人、在写字楼里送咖啡和文件的递送类机器人。这种场景，笔者称之为“半公共空间下的 B 端场景”，其积累的能力和数据可以与家用场景的需求产生连接。

在这样的格局下，未来中国机器人企业想要出海，应该怎样做？或者说，要做一个国际化的机器人企业，中国的创业者应该如何思考？

笔者认为，面向未来的中国机器人企业，毫无疑问，应当在创业之初就树立全球视野，定位为“世界公司”，把核心目标市场优先聚焦在成熟国家市场和高溢价地区市场。在这些市场中，企业可以依靠自身的技术优势、产品创新、品牌运筹实现商业溢价，而非依赖硬件成本竞争。当然，这并不是说发展中国家市场不重要，企业最终还是要根据自身实际情况来选择市场。在技术创新方面，企业应充分意识到具身智能的发展正在让机器人从硬件驱动转向 AI 驱动，未来的机器人公司本质上是人工智能公司（贸易导向的机器人销售类公司或许除外）。人工智能正在不断重塑机器人行业，有雄心的企业和创业者必须在 AI 上持续投入和创新（无论是工业场景、商用场景还是家用场景都是如此），即根据目标客户群体的需要开发具有高度智能化和泛化性的机器人产品。未来，或许只有真正拥有自身独到技术、吃透目标场景的中国公司，才能成为真正意义上的机器人行业的“世界公司”。

如果说过去的中国机器人企业出海，是“摸着石头过河”的常规商业操作，模式尚显粗放和传统，那么未来的出海征途，将需要在更多维度上进行精细化考量和微调，尤其是要充分考虑技术与场景的问题。当然，影响中国机器人企业出海的因素有很多，但技术和场景这两点，以及基于这两点展开的品牌战略和商业模式推演，是企业自身能够主动把握的因素。我们无法控制外部环境和历史走势，但可以努力掌控自己的脉搏。